围炉夜话

[清] 王永彬 著
申楠 译

中华国学经典精粹

北京联合出版公司
Beijing United Publishing Co.,Ltd.

图书在版编目（CIP）数据

围炉夜话 /（清）王永彬著；申楠译．—北京：
北京联合出版公司，2015.7（2020.8 重印）
（中华国学经典精粹）
ISBN 978-7-5502-4365-1

Ⅰ．①围… Ⅱ．①王… ②申… Ⅲ．①个人—修养—中国—清代 ②《围炉夜话》—通俗读物 Ⅳ．① B825-49

中国版本图书馆 CIP 数据核字（2014）第 313651 号

围炉夜话

作　　者：王永彬
责任编辑：崔保华
封面设计：颜　森

北京联合出版公司出版
（北京市西城区德外大街 83 号楼 9 层　100088）
北京华夏墨香文化传媒有限公司发行
三河市东兴印刷有限公司印刷　新华书店经销
字数 130 千字　880 毫米 ×1230 毫米　1/32　5 印张
2019 年 5 月第 3 版　2020 年 8 月第 12 次印刷
ISBN 978-7-5502-4365-1
定价：36.00 元

前言

《围炉夜话》是一部儒家劝世的通俗读物，书中虚拟了一个作者在冬日里围着火炉与好友畅谈的情境，本书以平实亲切、自然流畅的言语，抒发了作者引人深思的独到见解。本书与明代洪应明的《菜根谭》、陈继儒的《小窗幽记》一起，被后人合称为“处世三大奇书”，是人们案头必备的读物。

作者王永彬（1792—1869），字宜山，湖北宜都人，清代学者。他不喜科举，生性率真。据记载，每当与朋友一起饮酒谈论，在说到古时的忠孝义烈之事时，他经常涕泪横流。王永彬深受儒家思想熏陶，重视高尚情操的培养，这一思想在《围炉夜话》中得到了充分的体现。

《围炉夜话》分为两百多则，以“安身立业”为总话题，从道德、修身、读书、教子、忠孝、勤俭等多个方面进行阐述，用大量的笔墨揭示了“立德、立功、立言”的重要性，传达了作者对人生价值的深刻思考，并在理想、教育、交友、贫富、读书这几个方面进行了重点论述。

关于理想，书中有许多激励人们奋发图强的论述。行走于人世间，如果没有理想和志向，人就会很容易人云亦云、随波逐流，在亦步亦趋中浪费光阴。关于志向的论述，作者没有流于空洞和虚浮，而是提出了许多恳切的意见，鼓励人们要胸怀大志、脚踏实地，进而成就一番事业。

关于教育，书中多处提到了教育子弟的心得与感悟。作者指出，幼年时期是塑造和培养性格的关键时期，这时长辈的教育对孩子的前途和发展都有着至关重要的作用。书中的谆谆教诲之言，对于现代社会仍然很有价值。

关于交友，书中告诫人们要谨慎对待。朋友对我们品德的培养有着重要的影响，书中提倡多结交能指出我们过失的正直之友，这样的朋友能让人明辨是非，促使人的修养不断提高。

关于贫富，孟子有“贫贱不能移，富贵不能淫，威武不能屈”的经典论述，本书中也有“贫贱非辱，贫贱而谄求于人为辱；富贵非荣，富贵而利济于世为荣”的殷切教导。作者认为，人们要辩证地看待财富，一个人精神的富有、品德的高尚才是真正的富有。

关于读书，本书反复阐明了它的重要性。“天地无穷期，生命则有穷期，去一日便少一日；富贵有定数，学问则无定数，求一分便得一分。”读书可以修身养性，作者提倡在阅读中得到乐趣，如果能把书中的智慧与精神内化于心，就更能体现读书的价值了。

作为一部短小精悍、富有哲理的经典读物，《围炉夜话》中还有许多关于修身养性、为人处世等方面的至理名言。翻阅这本通俗易懂、道理深刻的著作，你可以从古人那里汲取更多的精神财富，远离人生的迷茫与困惑，迎来内心的彻悟与畅达。

目录

一、教子弟于幼时，检身心于平日

教子弟于幼时，便当有正大光明气象①；检身心②于平日，不可无忧勤③惕厉④功夫。

【注释】

①气象：指人的言谈举止和态度。②身心：言行和思想。③忧勤：忧愁，劳苦。④惕厉：警惕，畏惧。

【评析】

一个人是否能够取得成就，往往取决于他的人格。从小树立起来的优秀品质与德行，会使人终身受益。因此，想教育出优秀的孩子，必须从他们的幼年时开始，培养他们养成良好的习惯、光明磊落的人格，使他们拥有正直宽广的心胸。这样，在他们长大后，才会有高远的眼光和大度的气质。

日常生活中，在重视教育孩子的同时，还要注意自身修养的提高，常常反省自己的行为是否得当，检查自己的言谈举止是否偏离正确的行为准则。正如曾子所说："吾日三省吾身：为人谋而不忠乎？与朋友交而不信乎？传不习乎？"不断地在思考中保持清醒，严格要求自己，常怀忧患意识和戒律之心，让自己的修为逐渐得到提高。

二、学友之长，知行合一

与朋友交游①，须将他好处②留心学来，方能受益；对圣贤言语，必要我平时照样行去，才算读书。

【注释】

①交游：交往，交流。②好处：优点，长处。

【评析】

朋友往往是与我们性情相投的人，而且又会在生活中给予我们很大的帮助。可以说，每一位朋友都会为我们的生活打开一扇窗，为我们展现出不一样的世界。品德良好、博学多才的朋友，可以称得上是我们人生中的良师。因此，与身边的朋友交往时，要在言谈举止中，明察朋友的优点，并且诚心诚意地去学习，才能使自己有所进步。

读书使人明理，使人开阔眼界并得到心灵的滋养。因此，读书总是受到人们的热爱和崇尚，但怎样读书却是一门学问，对于古代圣贤所阐述的哲理，要学会体悟，并在实践中灵活应用，做到读圣贤书、明圣贤理、做圣贤事，这样才能算得上是真正的读书。

三、俭以济贫，勤以补拙

贫无可奈惟求俭，拙亦何妨只要勤。

【评析】

每个人的人生际遇都有所不同，有的人出身贫寒、生活清苦，有的人出身富贵、安乐富足。虽然潦倒困顿的日子会让人觉得煎熬，但在贫寒中勤俭持家，做到处处节俭，养成不随意浪费的良好习惯，境遇就会慢慢得到改变。

同样的道理，人的天资禀赋也各不相同，有的人天资聪颖，有的人愚钝笨拙。聪明的人读书、做事都能举重若轻，而愚钝的人想要取得同样的成就，就要付出更多的努力，通过勤奋不断充实自己的经验。我们常说的勤能补拙就是这个道理。

四、话说稳妥，为人本分

稳当①话，却是平常话，所以听稳当话者不多；本分②人，即是快活人，无奈做本分人者甚少。

【注释】

①稳当：平实，妥当。②本分：安分守己。

【评析】

说话是为了有效地表达与交流，没有必要一味追求华丽和奇特。平实的话语虽然会让人觉得平淡无奇，却往往蕴含着朴实而深刻的道理，但一般人都不喜欢听平实的话语。然而，积累了一定人生阅历的人往往能体会到平实背后的意蕴，因而他们才会用最简洁、最质朴的语言来表达自己的思想。

除了对平实的话感觉到兴味索然，人们大多也不喜欢过平淡的生活。因为，人们总以为快乐人生一定是富贵奢华的，是无拘无束、尽情享受的。太多人为了得到这样的生活使心灵受到腐蚀，并最终陷入苦闷之中。其实，生活的快乐就在看似平淡而绵长的日子里，人生的幸福就在踏实与安心的自在之中。可惜的是，很多人都不会这样想。

五、处事为人想，读书自用功

处事要代人作想①，读书须切已②用功。

【注释】

①作想：为他人的处境着想。②切已：自己切实地。

【评析】

每个人的内心都会有一些利己的想法，很难自发地为别人着想，但我们在为人处世的过程中会发现，并不是处处斤斤计较就一定能得到好处。时时处处围绕自己的利益做打算，不肯帮助别人，甚至防范、利用别人的人，不仅很难得到快乐，更不能得到别人的信任与尊重。如果人人如此，这世间岂不是变得毫无温暖可言了吗？因此，遇事要学会替别人着想，只有多给别人一些理解，才能获得发自内心的包容，才能拥有真诚友好的援助。

古往今来，读书一直受到人们的重视，并且被视为安身立命乃至治国安邦的必然途径。这件重要的事没有人可以代劳，只能由自己勤恳地用功，才能学到知识和道理，并将其转化成自己的智慧。

六、以信立身，以恕接物

一“信”字是立身①之本，所以人不可无也；一“恕”字是接物②之要，所以终身可行也。

【注释】

①立身：为人处世，树立自身。②接物：与别人交际。

【评析】

自古以来，讲诚信一直被人们视为美德，认为信用是人的立世之本。看重自身信誉的人往往言必行，行必果，勇于担负自身的责任。人们都愿意与这样的人交往，并充分相信他们。而无视信誉的人则轻信寡诺，从不认真履行自己的职责，甚至为自己的利益欺骗别人。时间久了，势必会遭到别人的疏远。诚信除了对于个人很重要，对于整个社会而言，同样不可或缺。如果整个社会都缺乏信任感，必然会出现信任危机，造成人心冷漠的恶性循环。

“严于律己，宽以待人”是古人自律的处世之道。意思是，要以极高的标准要求自己，同时要对他人保持宽容之心。宽容不是忍受，而是理解、尊重别人。因为怨恨和愤怒并不利于问题的解决，反倒会使别人产生抵触的情绪，造成误解，让事情变得更加复杂。相反，怀一颗宽容之心，不仅能更好地处理问题，还能和别人和谐相处。

七、误言能杀身，积财可丧命

人皆欲会说话，苏秦①乃因会说话而杀身；人皆欲多积财，石崇②乃因多积财而丧命。

【注释】

①苏秦（？—前284）：字季子，洛阳（今河南洛阳）人，战国时纵横家，相传为鬼谷子的学生，富有辩才，游说六国合纵抗秦。后来，苏秦在齐国任客卿，因与齐国大夫争宠而遇刺，重伤未死。为了捉拿凶手，他请求齐王以“燕国间谍”的罪名把自己处死，并悬赏捉拿行刺的人，以此诱骗刺客出现。齐王依计而行，把苏秦车裂于市，最终抓到了凶手。②石崇（249—300）：字季伦，晋代人，曾任荆州刺史等职，因劫夺远使客商而致富。他生活豪奢，常与贵戚王恺等人斗富，每每争得上风，一时无人能比，后来遭到忌恨，被诬陷至死。

【评析】

口才好的人大都伶牙俐齿，令人羡慕，但事物总有两面性，所谓言多必失，发表言论时如果不够谨慎，就常常会祸从口出。所以古人说“时然后言，人不厌其言”，该说话的时候简洁精练，不该说话时保持沉默，才是智者的处世之道。同时，拥有优秀的口才，还要看怎么运用，如果总想卖弄口舌之利，靠能言善辩来颠倒黑白、搬弄是非，一定会制造出事端，给自己带来麻烦。所以，好口才运用不当，不仅会受人鄙视，使自己名誉受损，甚至还会招来灾祸。

拥有财富是无数人梦寐以求的事，可取得财富的手段一定要正当，正所谓“君子爱财，取之有道”，靠自己的才能和勤劳取得的财富才会让人心安理得。而且千万不要认为钱财越多越好，人们常说，“人为财死，鸟为食亡”，为了钱财迷失心智的人，很容易众叛亲离，失去人生的快乐。所以，聪明的人懂得把钱财用于正途，多去做有利于社会的善事，而不是骄奢淫逸，夸富显耀。那样的话，不但让人反感，还会招来嫉妒和祸患。

八、教小儿宜严，待小人宜敬

教小儿宜严，严气[①]足以平躁气；待小人宜敬，敬心[②]可以化邪心。

【注释】

①严气：严格的态度，严厉的作风。②敬心：尊重而谨慎的心态。

【评析】

对于父母来说，孩子的教育往往是头等大事。小孩子一般都顽皮好动，这是少儿的心性。对他们的教育要从很早就注意，不能放任不管，使之形成坏的习惯。因为一旦从小养成了不良习惯和做法，长大以后很容易走向堕落。针对少儿的天性，要严格地教育他们，以抑制他们的躁动与贪玩，使他们对学习保持认真的态度。

在生活中，人们把那些待人心术不正的人称为“小人”，对待这样的人，我们不应该随便鄙视他们。因为他们的心中存有邪念，如果受人鄙视，就会使他们自暴自弃，做出坏事来。我们不如尊重他们的人格，对他们以礼相待，也许他们就会想保有这种尊重，从而放弃邪恶的想法。

九、善谋生者修恒业，善处事者定章程

善谋生[①]者，但[②]令长幼内外，勤修恒业[③]，而不必富其家；

善处事者，但就是非可否，审定章程[4]，而不必利于己。

【注释】

①谋生：维持生活。②但：仅，只。③恒业：持久的事业。④章程：处理事务的规则和程序。

【评析】

善于谋生持家的人，不一定是善于积累财富，而是总能把家中大小事务安排得井井有条，使家中的每个成员都能各司其职，充分发挥自己的优点和长处，勤奋地劳作，刻苦地学习，家人和睦相处，日子越过越兴旺。相反，如果只把眼光盯在积聚财产上，却不懂长久持家、团结和睦的道理，很容易便会造成由于一时穷奢极侈，家道转瞬败落的场景。

善于处理事务的人，不是凡事都首先考虑自己的利益，而是就事务本身进行分析，看其是否合乎道理，是否可行。从事务的开始到结束，都有清晰可循的思路，并制定出明确的规则，以保证将事情公正和顺利地处理好。这样的人可以做到严于律己、一视同仁，从而赢得周围人的尊重与爱戴。而那些不善于处理事务的人，往往不懂得规章的重要性，做事情没有章法和条理，这样处理起事务来往往会陷入混乱，也难以得到众人的支持。

一〇、名利勿贪，学在德行

名利之不宜得者竟得之，福终为祸；困穷之最难耐者能耐之，苦定回甘。生资[1]之高在忠信[2]，非关机巧[3]；学业之美在德行，不仅文章。

【注释】

①生资：指人的资质、天分。②忠信：忠实诚信。③机巧：智巧。

【评析】

"天下熙熙，皆为利来，天下攘攘，皆为利往。"司马迁的这句名言道出了天下人追求功名利禄的普遍性，可如果是通过不正当的手段，得到本不该得到的名利，也未必是一件好事。历史上常有不择手段谋取权位的人，虽然能得到一时的飞黄腾达、飞扬跋扈，但最终却往往因为胡作非为而身败名裂。

人人都向往富贵，可家境贫寒或者身处困境之中，也非绝不能实现自己的人生抱负。孟子说："天将降大任于是人也，必先苦其心志，劳其筋骨，饿其体肤，空乏其身，行拂乱其所为，所以动心忍性，曾益其所不能。"说的正是在困苦之中不改志向、不放弃自己的人，才能取得常人难以企及的成就。

读书是成长的重要途径，评判一个人学业的好坏，不能只看他的文章写得优劣，最重要的还是要看他的人品如何，如果能做到言行一致、知行合一，不仅学问出色，做人也广受赞誉，才是真正值得学习的人。

一一、君子力挽江河，名节光争日月

风俗日趋于奢淫①，靡②所底③止，安得有敦古朴④之君子⑤，力挽江河⑥；人心日丧其廉耻，渐至消亡，安得有讲名节⑦之大人，光争日月。

【注释】

①奢淫：骄奢淫逸，奢侈放纵。②靡：没有。③底：终结。④敦古朴：朴实无华。⑤君子：泛指有才德的人。⑥力挽江河：大力改变江河日下的不良世风。⑦名节：名誉和节操。

【评析】

人们很容易贪图享乐，社会上也很容易形成奢侈的风气。历史上经常出现这样的现象：富贵者不问民间疾苦，整天过着纸醉金迷、醉生梦死的生活。南朝陈最后一位皇帝陈叔宝，在位时大修宫殿，奢靡无度，不分昼夜地与妃嫔、大臣宴饮玩乐，不问朝政。隋军大兵压境时他仍不以为然，最后被俘，做了亡国之君。隋炀帝在位期间，为了满足自己玩乐的需求，挥霍无度、劳民伤财，最终使天下大乱，他本人也被部下所杀。明朝熹宗时，宦官魏忠贤得到皇帝的恩宠，权倾朝野、党羽无数，百官争相依附，海内争相献媚，许多正直的人惨遭打击迫害，但他最终却因为篡夺皇位而失去性命，遭到后人唾弃。历史上类似的教训不胜枚举，在那种世风日下的时期，如果能多一些

清醒有气节的仁人志士，挽救家国危亡，他们的功德就可以与日月争辉。

一二、心正神明，人无永逸

人心统[1]耳目官骸[2]，而于百体为君[3]，必随处见神明之宰；人面合眉眼鼻口，以成一字曰苦（两眉为草，眼横，鼻直，而下承口，乃苦字也），知终身无安逸之时。

【注释】

①统：控制。②官骸：五官和身体。③于百体为君：指心在全身各器官中居于主体地位。

【评析】

每个人行为处事的方式各不相同，是由于人们的思想不同。人的心统率着人全身的各个器官，就像一位君主统率朝廷百官。君主如果贤明，则天下繁荣；君主如果昏庸，则天下混乱。同样的道理，如果一个人想品行端正，必须使自己的心时刻保持清明纯正。如果一个人想让自己的行为有格局、有气度，那么一定要先使自己的心中有理想、有志向。

人的脸部长着眉、眼、鼻子和嘴，如果把两眉看成是部首中的“艹”，双眼看成是一横，鼻子看成一竖，下面加上一个“口”，看起来恰好是一个“苦”字。可见，在人的整个生命过程中，注定是苦多于乐，难得有安逸自在的时候。这样的解读仿佛让我们对于奔波劳碌的人生有了一丝宽慰，不过这个“苦”字并不是说人命中注定要在苦难中度过，去屈服于困苦，而是告诉我们，如果想追求快乐的生活，就要奋斗不止，勤勉不辍。

一三、人心足恃，天道好还

伍子胥[1]报父兄之仇，而郢都灭，申包胥[2]救君上之难，而楚国存，可知人心之恃也；秦始皇灭东周之岁，而刘季[3]生，梁武帝灭南齐之年，而侯景[4]降，可知天道好还也。

【注释】

①伍子胥（？—前 484）：名员，字子胥，春秋时楚国人。由于佞臣费无忌谗言陷害，他的父亲伍奢和哥哥伍尚一同被楚平王杀害，他从楚国逃到吴国，成为吴王阖闾的重臣，于公元前 506 年协同孙武带兵攻入楚都，五战而破楚都郢，实现了复仇的目的。②申包胥（生卒年不详）：春秋楚大夫，与伍子胥原本是好朋友，伍子胥逃到吴国，告诉申包胥："我必复（覆）楚。"申包胥回答说："勉之！子能复之，我必能兴之。"等到吴国军队攻打楚国时，申包胥到秦国去乞求救援，秦国一开始并不答应，申包胥便在秦国城墙外哭了七天七夜，终于打动了秦国君臣，使秦国出兵援楚，楚国得以保全。③刘季（前 256 年或前 247—前 195）：即汉高祖刘邦，西汉的开国君主。古时兄弟常以"伯、仲、叔、季"来排序，刘邦在同辈兄弟中排第四，所以称他为刘季。④侯景（503—552）：南北朝时人，先向梁武帝投降，后又举兵反叛，围攻梁国的都城建康，致使梁武帝被饿死。

【评析】

想要完成一件困难的事，必须要有足够的勇气，百折不挠的坚强意志与决心，才不会半途而废，最终实现自己的理想。历史上忍辱负重，终成大事的故事非常多。春秋末期，越国被吴国打败，越王勾践被俘，但勾践却能在屈辱中卧薪尝胆，发愤图强，提醒自己不要忘记复仇，最终战胜了吴国。战国末年，秦灭六国，吞并天下，但项羽立志兴复楚国，灭亡强秦。项羽率楚军背水与秦兵死战，下令破釜沉舟，表明了有进无退，与秦军决一死战的决心，于是军心大振，一战歼灭秦军二十余万，后自立为西楚霸王。这正是蒲松龄撰写的自勉对联中所说的："有志者，事竟成，破釜沉舟，百二秦关终属楚。苦心人，天不负，卧薪尝胆，三千越甲可吞吴。"也是对勇于战胜困难才能取得成功的最好诠释。

自然与社会的发展有其客观规律性，遵循着一定的轨迹。人们只能尊重规律，而不要反其道行之。历史上的改朝换代或兴衰更替，都体现了这一点。秦始皇灭六国，建立统一的政权，但他施行的法度极为严苛，人民负担沉重，致使百姓揭竿而起，纷纷举起反秦的大旗。到秦二世胡亥时更加残暴昏庸，直到起义的风暴席卷大地，一度强大的秦朝最终二世而亡。在秦末战争中壮大起来的西楚霸王项羽其勇猛无人能及，是有望统一全国的不二人选，可他却刚愎自用，不能信任和团结别人，被刘邦率领的大军攻破，被逼无奈只得自刎于乌江。通过读史我们可以清楚地看到，处事不可违背天理和人心，否则不仅很难成就事业，反而还会招来祸患。

一四、有才如浑金璞玉，为学若行云流水

有才必韬藏[1]，如浑金璞玉[2]，暗然而日章[3]也；为学无间断，如流水行云，日进而不已也。

【注释】

①韬藏：深藏，包藏。②浑金璞玉：未经提炼的金，未经雕琢的玉，比喻天然而未加修饰的美质，多用来形容人的品质淳朴。③章：同“彰”，明显。

【评析】

真正有才能的人往往像没有经过提炼的金子，或者没有经过雕琢的玉石一般，深藏着巨大的价值却不露锋芒。比如汉代的韩信，少年时期只是一介平民，因为性格放纵、不拘礼节，四处游荡甚至不能自食其力，受到乡里的嘲笑。可当他被刘邦重用后，却展现出出色的军事才华，率汉兵大破楚军，为刘邦建立西汉立下奇功，被萧何赞誉为“国士无双”，成为千古名将。像韩信这样的人才，最初也许没有被人赏识，常常被暂时埋没起来，但终有一天会被人发现。

治学是一件需要持之以恒的事，荀子在《劝学》中说：“不积跬步，无以至千里；不积小流，无以成江海。”因此，治学不能心浮气躁，一曝十寒，而是贵在锲而不舍，循序渐进。

一五、积善余庆，积财遗祸

积善之家，必有余庆[1]；积不善之家，必有余殃[2]。可知积善以遗子孙，其谋甚远也。贤而多财，则损其志；愚昧而多财，则益[3]其过。可知积财以遗子孙，其害无穷也。

【注释】

①余庆：遗留给子孙的恩泽。②余殃：遗留给子孙的祸患。③益：增加。

【评析】

推崇多行善事，是我们的传统美德，一直以来，行善都是被视为会给子孙后代留下恩泽和福报的事。可想而知，一个人如果善良且乐于助人，那么受到帮助的人就会心怀感激和敬仰，并且会对他的后代进行报答。另外，他的善举也能为后代子孙的成长树立榜样，通过言传身教，使子孙后代成为注重德行修养的人。相反，那些一味喜欢损人利己的人，则会给后代带来灾祸。由于总是处心积虑地钻营索取，别人必然会对他心生不满和怨恨，当他的后代遇到困难时，也不会有人愿意提供扶助和援救。同样，心术不正的人教育后代由于很难以身作则，还会让后代学习到不良的习气。《易经》中的“积善之家必有余庆，积不善之家必有余殃”说的正是这个道理。

人们常常把金钱与罪恶联系在一起，其实金钱本身并不是罪恶之源，而是人们被钱财的用途诱惑，从而选择以不正当的手段占有它。于是，原本善良正直的人，因为钱财而变得贪图享乐，丧失了远大的志向。生性愚钝又品性恶劣的人，如果拥有了无数的钱财，就会做出一些败坏道德、侵害他人的事情来，反而加重了他们的恶行。因此，智慧的古人并不主张把过多的钱财留给子孙，而是倡导把善良、正直等美德传扬下去，并希望子孙把它们视为珍宝。

一六、教子严成德，勿以财累己

每见待子弟严厉者易至成德[①]，姑息[②]者多有败行，则父兄之教育所系[③]也。又见有弟子聪颖者忽入下流[④]，庸愚者较为上达[⑤]，则父兄之培植所关也。人品之不高，总为一“利”字看不破；学业之不进，总为一“懒”字丢不开。德足以感人，而以有德当大权，其感尤速；财足以累己，而以有财处乱世，其累尤深。

【注释】

①成德：成为有道德的人。②姑息：过于宽容。③系：关系。④下流：品性低下。⑤上达：成为品性高尚的人。

【评析】

天下的父母，几乎没有人不疼爱自己的孩子，却并不是每个人都会教育孩子。往往严格的教育更会让子女成为有用之才。所谓严格，并不是要责骂和体罚，而是要为他们树立正确的榜样，引导他们走正确的道路，激发他们远大的志向，提高他们自身的品质。而不是自由放任，对孩子的不良行为姑息纵容，使他们养成恶习。

人的品行各不相同，自然有高下之分。品行高的人往往高瞻远瞩，不为眼前的名利所束缚；品行低的人，哪怕是蝇头小利也会趋之若鹜。而在治学的过程中，一个人是勤奋还是懒惰，会产生大不相同的结果。如果不能勤勉上进，即使聪慧过人，学业也很难有进步，其实，就是由于一个“懒”字。因此，治学要有坚忍的意志力，才能使学业不断精进。

良好的品质往往会激励和感染别人，使人在获得赞颂的同时，也会对自身的品德进行反观，如果具有高尚情操的人处于德高望众的地位，那么就能提高高尚道德的影响力，激发人们积极向善，形成良好的社会风气。

追求过多的金钱与财富，常常会使一个人迷失自己，许多原本正直纯良的人，一旦有机会获取不义之财，往往会一发不可收拾，直到东窗事发，才后悔莫及。可见，人常会被财富所累。如果是遇到战乱的年代，拥有大量的钱财则常常会给人带来灾祸，危害十分深重。

一七、读书无论资性，立身不嫌家世

读书无论资性[①]高低，但能勤学好问，凡事思一个所以然，自有义理贯通之日；立身不嫌家世贫贱，但能忠厚老成，所行无一毫苟且[②]处，便为乡党[③]仰望之人。

【注释】

①资性：天赋。②苟且：不守礼法和道义的行为。③乡党：泛指乡里。

【评析】

在读书学习时，无论是否聪慧，只要勤奋刻苦，善于思考，循序渐进，久而久之，就能做到融会贯通。相反，如果浅尝辄止，不肯虚心求教，即使再天资过人，也只能学到一些表面的东西，很难有所建树。

人立身于世，是否受人尊重，不在于财富多少。家境贫寒的人，如果在平时的为人处世中能够秉承诚实守信的原则，安贫乐道，坚守自身的节操，提高自身的修养，就会受到乡里的赞扬与敬重。相比之下，如果是出身富贵人家，却骄奢无度，品行卑劣，损害他人的利益，那么他就会遭到人们的鄙夷和怨恨。

一八、乡愿尽虚伪，鄙夫不知德

孔子何以恶[①]乡愿[②]，只为他似忠似廉，无非假面孔；孔子何以弃鄙夫[③]，只因他患得患失，尽是俗人心肠。

【注释】

①恶（wù）：厌恶。②乡愿：表面上忠厚、内心奸诈的人。《论语·阳货》：“乡愿，德之贼也。”③鄙夫：卑鄙浅薄的人。

【评析】

孔子曾说：“乡愿，德之贼也。”表现的是对那些表里不一、言行不一的伪君子的厌恶。孔子认为这些人不但欺世盗名，而且还毫无廉耻地自我夸耀。这种表面忠厚、内藏奸诈的阴险者对社会风气的危害非常大。孔子反对“乡愿”，实则是主张以仁、礼为处世的原则，只有以仁、礼为根本，才可以使人成为品德高尚的君子。

还有一种人，他们的人格鄙俗浅薄，从来不从大局出发，而是时刻担心自己的利益是否受到损害，处理问题从来都是以自己的利益为出发点。孔子认为这种人目光短浅，必然难成大器。因为属于集体中的一员，只有顾全大局，才能更好地维护自身利益，也才能受到别人的尊重。

一九、精明者常败德，浑厚者多积善

打算[①]精明，自谓得计[②]，然败祖父之家声者，必此人也；朴实浑厚，初无甚奇，然培子孙之元气[③]者，必此人也。

【注释】

①打算：精打细算。②自谓得计：自以为计谋得逞。③元气：指人的精神。

【评析】

一个家族的兴旺发达，很可能需要几代人的积累，人们都想为子孙后代多创建一些家业，好使家族的声望振兴。可是，如果不靠光明正大的手段，而是靠处处精打细算、锱铢必较、吝啬贪婪的方式，以取得不义之财的话，则会让自己和整个家族的名声受损。

有的人为人朴实忠厚，不会因为谋取自己的利益而侵害他人，而是与人和睦相处。这样的人貌似平凡，但他高尚的品德会通过身体力行传给后代，如果后代在他的影响教导之下，从小就注重规范自身的修养，长大后正直仁义，必然会得到周围人的赞扬。这样的人凭借自身的勤恳努力取得事业的成就，也一定会使家族的名声远播。可见，拥有正直的人格和优秀的素养，才是光耀门楣的关键所在。

二〇、明辨是非方能决断，不忘廉耻身自高洁

心能辨是非，处事方能决断；人不忘廉耻，立身自不卑污。

【评析】

当一个人能够明辨是非曲直时，遇事才能果断地做出正确的判定。明辨是非不但是一种能力，而且也是一种品质。当自身的利益与道义相抵触时，明辨是非的人往往能够深明大义，不徇私情，甚至舍生取义。

当一个人有一颗廉耻之心时，他会时刻注意自己的言行是否合乎规范，也就不会做出卑鄙龌龊的事情来。因此，可以用是否具有廉耻心去衡量一个人的品行优劣。毫无廉耻之心的人做事没有顾及，更不会受到良心的谴责，会在肆无忌惮中满足私欲，甚至危害他人，成为国家与社会的公害。

二一、忠孝仁义，辨清真伪

忠有愚忠[①]，孝有愚孝[②]，可知“忠孝”二字，不是伶俐[③]人做得来；仁有假仁，义有假义，可知仁义两行[④]，不无奸恶人藏其内。

【注释】

①愚忠：不明事理地尽忠，到了愚笨的程度。②愚孝：十分愚昧的孝

行。③伶俐：聪明。④两行：两种道路。

【评析】

孝与忠是传统美德，孝道出于天性，忠心出于至诚，历来受人推崇。虽然那些迂腐的“愚忠”“愚孝”属于不明事理的极端行为，不值得提倡，但这些人的心却是十分诚恳的。一个人如果没有纯正诚恳的心灵，便很难孝敬和奉养父母。一个投机取巧、为谋取私利可以出卖国家与民族利益的人，毫无忠诚可言。

仁和义，也是受人尊重的优良品质，有仁义之心的人心底无私，把个人利益看得很轻，他们可以为国家、民族、真理付出自己的所有，这样的人必定会受到当代和后世的颂扬。

二二、权势如烟如云，奸邪谨神谨鬼

权势之徒，虽至亲亦作威福[①]，岂知烟云过眼，已立见其消亡；奸邪之辈，即平地亦起风波[②]，岂知神鬼有灵，不肯听其颠倒。

【注释】

①作威福：即作威作福，形容滥用手中的权力，狂妄自大。②风波：纷扰，事端。

【评析】

权势是许多人梦寐以求的东西，如果是正直的人拥有了权力，是大众与国家的福分；如果浅薄卑劣的人手握重权，则会作威作福，即使是在亲近的人面前也会弄权显势，仗权作恶。可这些人却不知道，自己虽然煊赫一时，但终究会因为怙恶不悛而失势，权力大厦也会瞬间土崩瓦解。

有些人喜好无事生非，以损人利己、挑唆陷害、鱼肉百姓、坑国害民为专长。大家对这样的人就像对瘟疫一样唯恐避之不及，不过这样的奸邪小人也只是一时得意，因为其恶行天地难容，多行不义之人终逃不过应有的处罚。

二三、平淡看富贵，谨慎行忠孝

自家富贵，不着意里，人家富贵，不着眼里，此是何等胸襟；古人忠孝，不离心头，今人忠孝，不离口头，此是何等志量[①]。

【注释】

①志量：抱负和度量。

【评析】

富贵虽是人所共求，但贤明的人却能对此保持一颗淡然的心。看到别人拥有显赫的荣华富贵，不会嫉妒和不平，能够以平和的心态处之。自己富贵显达时，不骄纵炫耀，清楚富贵不过是过眼云烟和身外之物。在他们看来，人的价值在于思想言行是否正直高尚，外在财富的多少并不能增减人的真正价值，只有真正心胸开阔、具有一定思想境界的人，才能做到如此达观地看待富贵。

古时的人，总是会把忠孝推举到很高的地位，并始终谨记在心，一刻也不敢忘怀；现在的人对孝道和忠义之举也大加赞美和颂扬。实际上，无论古人还是今人，这种推崇正直品质的行为都值得效法。

二四、王者知物命可惜，圣人多诱人改过

王者不令人放生，而无故却不杀生，则物命[①]可惜也；圣人不责人无过，惟多方诱之改过，庶[②]人心可回也。

【注释】

①物命：万物的生命。②庶：众多。

【评析】

佛家主张劝人向善，严禁杀生。儒家也从仁道的立场出发，认为应把仁爱推及万物。圣明的君主大都主张以仁爱治理天下，虽然不会像佛家那样要求人们放生，但也一样珍惜生命，希望社会稳定，民众能安居乐业。

品德高尚的圣贤从来不会对人求全责备，因为他们清楚，要求一个人不犯错，是不可能的事。如果不给别人改过自新的机会，反倒会加深他的错误。孔子说“不迁怒，不贰过”，就是主张要循循善诱，使人走上正途。

二五、坦荡处事，精详立言

大丈夫处事，论是非，不论祸福；士君子[①]立言[②]，贵平正[③]，

尤贵精详[④]。

【注释】

①士君子：指有节操、有学问的人。②立言：著书立说。古时将立德、立功、立言作为人生的崇高目标和理想。③平正：公正。④精详：精确详尽。

【评析】

有气节、有抱负的人，在做事时往往公私分明，他们首先考虑的是"是"与"非"，而不是自身利益的得与失。正如晚清爱国志士林则徐所说的"苟利国家生死以，岂因祸福避趋之"。在他们的心中真理高于一切，他们可以为之不去理会个人的祸福。正是这种精神激励着后人，为大义前赴后继地斗争。

有道德操守的学者，在著书立说、发表影响后世的言论时，坚守客观公允的原则，并推崇准确详尽。因为言论和学说是要留传的，如果出现偏差、错误，就会误导世人。只有精当公正，才会起到启发人、教育人的作用。

二六、无须空谈，唯求务实

存科名[①]之心者，未必有琴书之乐；讲性命之学[②]者，不可无经济之才。

【注释】

①科名：原指科举的名目，文中泛指功名。②性命之学：与生命有关的学问。性命，指万物的天赋。

【评析】

人如果一心想要获得功名富贵的话，就会千方百计地去追求，拥有后又想尽办法去维护，所以这样的人会变得郁郁寡欢、患得患失。这样，他们就失去了安静的心境，不能享受琴棋书画给人带来的雅趣。

一些想达到生命极高境界的学者，不仅要懂得自然、社会的知识，还要发挥经世济民的才干。如果只把目光放在高深的学问上，而不是应用于社会的话，就很难对社会的进步做出贡献。

二七、遇事勿躁，淡然处之

泼妇之啼哭怒骂，伎俩要亦无多，惟静而镇之，则自止矣。谗人之簸弄[1]挑唆，情形虽若甚迫，苟淡然置之，是自消矣。

【注释】

①簸弄：颠倒黑白，制造事端。

【评析】

当人们遇到蛮不讲理的人时，会感到根本无法与之交流和沟通。比如一些没有读过书又不明事理的女人，遇事常常无理取闹。对于这些愚笨无知的人，无须与之计较，采用不去理会的态度，让其自知无趣就好了。

与“泼妇”一样的人相比，更加可恶的是那些挑拨离间的小人，他们靠一张利嘴，搬弄是非，让人身陷烦恼之中。如果把心胸放宽广，不去理会，小人见他的言语根本无法使他人受到伤害，也就会停止散布谣言了。

二八、救人于危难，脱身于牢笼

肯救人坑坎[1]中，便是活菩萨[2]；能脱身牢笼外，便是大英雄。

【注释】

①坑坎：原本指不平而难走的道路，在此比喻困境。②菩萨：指具有慈悲心，能救助众生的人。

【评析】

佛教中的菩萨是人们心中救苦救难者的化身，而生活中急人之难的人也被称为“活菩萨”，受到人们的感激与尊重。人们在遇到困难时都渴望能得到帮助，如果世人都能怀有一颗扶危济困之心，那么人世间则会有更多的和谐快乐。

功名利禄、权势地位、陈旧的观念、世俗的偏见等，就像是一个巨大的牢笼，把人们围困其中，一个人如果能保持一种淡泊的心态，就像冲出了藩篱一般，拥有一种自由的心境。能达到这种境界的人，必然能去除一些无谓的束缚，把精力投入更大的事业中。这样的人可称得上是世间的大英雄。

二九、待人要平和，讲话勿刻薄

气性[①]乖张[②]，多是夭亡[③]之子；语言深刻[④]，终为薄福之人。

【注释】

①气性：脾气，性情。②乖张：性情怪僻、执拗。③夭亡：短命。④深刻：尖酸刻薄。

【评析】

脾气古怪、乖僻、偏执、狂躁的人，往往人格都不健全，他们不但容易惹恼别人，招来灾祸，而且常内心不安，容易做出极端的事情。这样的性格往往是因为教育方式不当造成的，只有耐心地引导才能帮他们适应社会生活。如果任其发展，必然造成伤人害己的恶劣后果。

与人相处时要和气，讲话尖酸刻薄的人只图一时占得上风，却不去想自己的言语可能会伤害别人。没有人愿意和这样的人交谈，并且他们常常会招人怨恨。一个招人厌恶和憎恨的人自然没人愿意帮助他，福分自然也就不多。

三〇、志高者超群，心高者务虚

志不可不高，志不高，则同流合污[①]，无足有为矣；心不可太大，心太大，则舍近图远，难期有成矣。

【注释】

①同流合污：言行、思想与不良的风气、污浊的世道相合，指跟品质恶劣的人一起干坏事。

【评析】

“有志不在年高，无志空活百岁”，高远的志向可以引领一个人积极进取。人要树立远大的志向，激发自己的潜能，遇到困难时，应以心中宏大的目标激励自己，直到成功。

一个人应胸怀大志，但不可眼高手低。对眼前的机会视而不见，却总想着更大的利益。这种不知脚踏实地，总是好大喜功的人最终往往徒劳无功。

还有一种人十分常见，他们的目标定得很高，却没有实干精神，遇到困难就退缩不前，像这样志大才疏的人也很难获得成功。人们常说“有志之人立长志，无志之人常立志”，只有那些有远大志向又坚持进取的人，才能实现梦想。

三一、贫贱不能移，富贵要济世

贫贱非辱，贫贱而谄[1]求于人为辱；富贵非荣，富贵而利济于世为荣。讲大经纶[2]，只是实实落落；有真学问，决不怪怪奇奇。

【注释】

①谄：阿谀奉承。②经纶：经世治国的学问。

【评析】

清贫与富贵，并不能作为一个人是否成功的标签。贫穷并不是令人耻辱的事，如果不自轻自贱，而是勤奋节俭、发奋努力的话，终会出人头地。北宋时期的范仲淹在读书时，每天煮一锅粥，等到粥凝固后，用刀切成四块，早晚各取两块，拌上一些腌菜吃。有个家境富裕的同学想接济他，送给他一些菜肴，但范仲淹却放在一边任美食腐烂。同学问他原因，范仲淹说：“我感谢你和家人的好心，只是我习惯了吃粥，心里安定，你如今要我享用如此丰盛的菜肴，以后我还怎么能再安心地吃下白粥呢？”正是凭着这样的骨气和毅力，范仲淹才成为“先天之忧而忧，后天下之乐而乐”的政治家和文学家。可见，真正可耻的不是清贫，而是身处贫贱却没有上进心，向富贵者屈膝献媚以求得到利益，这样的人也就失去了尊严。

研究经世治国的道理和学问，贵在讲求务实，如果脱离实际而流于表面的话，就不能有效地治理国家，造福百姓。因此，真正有才学的人做事从不哗众取宠，不浮夸、不矫饰，而是扎扎实实，贴近实际，这样的人才能使工作落到实处，做出真正有实效的事情来。

三二、以物喻理，顾名思义

古人比父子为桥梓[①]，比兄弟为花萼[②]，比朋友为芝兰[③]，敦伦[④]者，当即物穷理也；今人称诸生[⑤]曰秀才[⑥]，称贡生[⑦]曰明经[⑧]，称举人[⑨]曰孝廉[⑩]，为士者，当顾名思义也。

【注释】

①桥梓：又作“乔梓”。桥，指乔木，高大挺拔、枝繁叶茂。梓，是一种低伏轻软的树木。古时常用“乔梓”比喻父子关系。②花萼：因为花和萼同出一枝，彼此相依，所以常用来比喻兄弟。③芝兰：以香草名比喻品德高尚的朋友。《孔子家语》中说：“与善人居，如入芝兰之室，久而不闻其香，即与之化矣。”④敦伦：使人伦关系和睦。⑤诸生：原指众儒生，明清时期指进入县学的生员。⑥秀才：这里泛指读书人。⑦贡生：科举时代，被举荐升入太学的生员称为贡生。⑧明经：明清时期，明经是对贡生的敬称。⑨举人：明清时在乡试中被录取的人。⑩孝廉：明清举人的别称。

【评析】

古人的生活更贴近自然，所以古人常以自然界的事物来比喻事理规律。以“乔梓”代指父子关系，以高大的乔木来比喻父亲，以幼小的梓树来代指儿子。父亲要爱护儿子，全力培养教导，使其成才。而孩子要尊重父辈，理解父辈教养自己的一片苦心。花与萼同根而生，可以让人想到血脉相连的手足兄弟。芝兰香草散发出幽远的清香，好像品德高尚的人感化朋友，使朋友也熏染上了芬芳一样。乔梓、花萼、芝兰香草都是自然界的生物，古人融入自然，体察其中的深刻内涵，让人更能体会到人伦事理的深刻意义。

秀才、明经和孝廉，原本是古时选拔人才的科目，虽然随着时代的变化，有些科目不再设立了，但后来人们仍然称诸生为“秀才”，称贡生为“明经”，称举人为“孝廉”。可见，时代变迁了，但其内涵依然没有发生太大的变化。“秀才”是指学有所成的读书人，“明经”则是指通晓经典中的义理，而“孝廉”则是源于汉代时选拔孝顺、清廉的人做官，以激励人们培养美好的品德。可见，读书人应该仔细思考一下这些头衔背后的含义，如果做不到名副其实，是否会感到羞愧呢？

三三、正其身以教子弟，平其气而待小人

父兄有善行，子弟学之或不肖[①]；父兄有恶行，子弟学之则无不肖；可知父兄教子弟，必正其身以率之，无庸徒[②]事言词也。君子有过行[③]，小人嫉之不能容；君子无过行，小人嫉之亦不能容；可知君子处小人，必平其气以待之，不可稍形激切也。

【注释】

①不肖：不相似。②徒：白费。③过行：行为有瑕疵。

【评析】

人的本性像流动的水一样，向高处走困难，向低处去容易。父兄品行优良的情况下，子弟不见得能很好地效仿，可如果父兄有恶劣的行为，子弟一学就会。因此，想要使子弟被培养成优秀人才，自己首先要端正德行。《论语》中说：“其身正，不令而行；其身不正，虽令不从。”可见只有以身作则，才能为子弟树立良好的榜样，督促他们趁着年少发愤勤学，成为有用的人才。

小人大多心胸狭隘，专爱嫉妒别人，就算没有招惹他，当他看到别人比自己优秀时，也会心生怨恨，甚至蒙生害人的念头。君子一旦不小心犯了过失，就会被小人抓住把柄，大肆渲染，败坏君子的名声。所以，君子与小人相处时要格外小心，应保持心平气和，不能因为急于维护道德规范而对小人进行指责，那样小人不但不会改过自新，反倒会变本加厉地作恶报复。

三四、守身不羞于父母，创业勿贻害子孙

守身[①]不敢妄为，恐贻[②]羞于父母；创业还需深虑，恐贻害于子孙。

【注释】

①守身：保持自身的节操。②贻：遗留。

【评析】

有德行的人不胡作非为，不干良心有愧的事，坚持自己的操守，洁身自好，高度自律，这是因为他们看重美好的名声，怕因为自己的不当之举使父母和家族蒙羞。

想创立一番事业当然是好事，但需要谨慎思考，制订周密的计划，切不可贸然行事。因为在创业之初，一切都需要摸索，事务琐碎，千头万绪，而且很难看清将来的路是平坦还是崎岖，前方是否存在巨大风险。如果因为运作失误而致使创业失败，不但会使自己遭受重大的打击，连子孙也会跟着受牵连。因此，创业还是谨慎为好。

三五、待人不可势利，习业不可粗浮

无论做何等人，总不可有势利气；无论习何等业，总不可有粗浮心[①]。

【注释】

①粗浮心：草率而漂浮不定的心。

【评析】

世态分炎凉，人情有冷暖，皆因势利。成语“门可罗雀”出自《史记·汲郑列传》中的一个故事：翟公做官时宾客盈门，可当他失去官职后门庭变得十分冷落。翟公于门上写道：“一死一生，乃知交情；一贫一富，乃知交态；一贵一贱，交情乃见。”此时的他已深感世态炎凉，知世人多为趋炎附势者，可怜可叹！成语“前倨后恭”出自《史记·苏秦列传》：“苏秦笑谓其嫂曰：‘何前倨而后恭也？’”一个“笑”字，表达了苏秦对势利嫂嫂的鄙视。由此可知，待人不可太势利。一旦虚伪逐利的本质被人识破之后，轻者遭人唾弃，重者再无立足之地。“不可势利”说的是人性，而“不可粗浮”说的是处世态度。

无论从事什么行业，不管是自己有兴趣去做的，还是被动去做的，只有勤谨恪勉，一步一个脚印地实干，做出成绩，才能受人重用，得以成功。如果莽撞行事，就会出现失误。

三六、莫自高自大，需发愤图强

知道自家是何等身份[1]，则不敢虚骄[2]矣；想到他日是那样下场，则可以发愤矣。

【注释】

①身份：原指人处于社会中的地位等，这里指人的能力和才干。②虚骄：没有真正的才学和能力却骄傲自大。

【评析】

“太山不让土壤，故能成其大；河海不择细流，故能就其深。”只有包容，才能集贤聚能；想要包容，就不能自高自大。历史上的弹丸小国夜郎，为人类留下了什么历史财富不得而知，但人人都知道它在成语词典中留下了“夜郎自大”一词，成了千古笑谈。

人想要有所作为就一定要付出努力。泱泱中华，五千年文明，历史长河奔流不息，激荡出多少可歌可泣、发愤图强的伟大人物。“闻鸡起舞”的祖逖与刘琨，舞出了志士的豪气；“凿壁偷光”的匡衡，凿出了文人的傲气。还有“头悬梁”的孙敬，在夏夜以练囊装萤火虫照明读书的车胤，冬日以雪地之光来读书的孙康，这些想尽一切办法苦读治学、发愤图强的人，不仅成了读书人的典范，也成就了属于自己的一番事业。如果一个人做事不够努力，庸庸碌碌，只能是白白浪费光阴，虚度一生。

三七、常人遭祸可再兴，大家消亡难复振

常人突遭祸患，可决其再兴，心动于警励也。大家[1]渐及消亡[2]，难期其复振，势成于因循[3]也。

【注释】

①大家：指大户人家。②渐及消亡：渐渐地走向败亡。③因循：遵照旧法，不懂得变通。

【评析】

俗话说：“富不过三代，穷不过三代。”贫门小户处贫困之中而思崛起，即使遭遇祸患，损失的也小，总能因“船小好掉头”，

再图发家。其实，“道德传家，十代以上，耕读传家次之，诗书传家又次之，富贵传家，不过三代”。要想家族兴盛不衰，就要明白“逸豫可以亡身”的道理，立德治家，有忧患意识。

“旧时王谢堂前燕，飞入寻常百姓家。”提起中国古时的大家族，就不得不说王、谢两家。两大家族名人辈出、绵延百年，可最终也逃不过兴亡变迁的命运，终致没落、衰亡，成为绝响，再难振兴。与王、谢两家相同，许多豪门望族在昌盛后常常安于现状，因循守旧，不思进取，奢靡成风，滋生弊端，最后家道中落，一蹶不振。

三八、寿有尽时，学无止境

天地无穷期①，生命则有穷期，去一日，便少一日；富贵有定数②，学问则无定数，求一分，便得一分。

【注释】

①穷期：完结，尽头。②定数：一定的气数。

【评析】

“吾生也有涯，而知也无涯。”纵使彭祖寿至八百岁，世人也只知他长寿而已。孔子只活到七十三岁，却成为中国的“文圣”。即便如此，孔子一生仍遵循“三人行，必有我师”，活到老，学到老。

时光在飞逝，世界在发展，不少国家开始进入老龄化社会，中国也不例外，许多老人在担忧“老无所用”的时候，却忘了“老有所学”。虽说生命有限，但学海却无边无涯，当人在知识的海洋中徜徉的时候，会被其博大所打动、所浸染，由此而忘却躯体的老迈，从而能够“老当益壮”不给人生留下遗憾。

三九、做事问心无愧，创业量力而行

处事有何定凭①，但求此心过得去；立业无论大小，总要此身做得来。

【注释】

①定凭：依照的标准、准则。

【评析】

东汉时，有人用金子贿赂东莱太守杨震，并告诉他说可以放心收下，因为深夜里不会有人看见。杨震拒绝了来人，并为世人留下了一句千古名言——天知，神知，我知，子知。杨震因此被后世称为“四知堂”堂主。为人处世，但求无愧于心，如此一来，心中自有浩然正气长存。

事情做好了，做成功了，心难免就会变大。现在越来越多的人想自己创业当老板，不想再屈居人下、被人指挥，但最终获得成功的人却寥寥无几。究其根本，大多是因为“随风而动”，没有因时因地量力而行。这些创业者只是怀着赚钱的愿望，却没有仔细考察过市场，也没有考虑过自己的能力。事实证明，只有量力而行，厚积薄发，才能取得成功。

四〇、气性宜和平，言语勿矫饰

气性[①]不和平，则文章事功[②]俱无足取；语言多矫饰[③]，则人品心术尽属可疑。

【注释】

①气性：气质，性情。②文章事功：学问和事业所取得的成就。③矫饰：修饰过多，而掩盖了本来面目。

【评析】

一个人如果拥有平和的性情，冷静、不虚妄、不矫饰的心态，就很容易把事情做好。“五五三三朵，潇潇落落姿；翩然来翠雀，小住得横枝。岂羡雕笼好，那知暖窖宜；以幽闲适性，画者具深思。”几句朴实无华的语言，便勾勒出一个妙趣横生、令人回味无穷的意境。只看这诗情，似乎是一个田园诗人的手笔，其实，这是乾隆皇帝作的题跋。乾隆活到 89 岁，作为一个皇帝，能如此长寿，且其一生作了一万多首诗，这与其气性平和是分不开的。

讲话浮夸的人，矫揉造作的人，让人觉得华而不实，遮遮掩掩，很容易对其人品产生怀疑。一个内心质朴善良的人，他所说的话势必平实可靠、口心一致。也只有这样的人，才能受人尊敬、立世安身。

四一、慎用聪明，勿滥交友

误用聪明，何若一生守拙[1]；滥交朋友，不如终日读书。

【注释】

①守拙：谨守自己质朴的言行。

【评析】

“机关算尽太聪明，反误了卿卿性命。”读过《红楼梦》的人，对这句话是再熟悉不过了。王熙凤依仗权势，耍尽手段、用尽机关、费尽聪明、瞒上欺下，最终害了别人，也害了自己。

在生活中，人更应该慎用聪明，而不滥交友、交好友就是最大的聪明之处。三国时期的管宁，看到华歆贪慕荣华，就与其割席而坐，不再与之为友。在表明自己的立场与志向后，管宁发奋读书，最后成为可用之才。而现实中，有的人只交酒肉朋友，滥讲什么江湖道义，最后害人害己不说，更会危害社会，危害他人安全。所谓“近朱者赤，近墨者黑”，讲的就是这个道理。

四二、放眼读书，立足做人

看书须放开眼孔[1]，做人要立定脚跟。

【注释】

①放开眼孔：放开眼界，胸怀宽广。

【评析】

“万般皆下品，唯有读书高。”自古以来，多少仁人志士通过读书实现抱负、名垂青史。但学海无涯，知识不光在书中，世间万物、人间百事，皆可为学。所以，只有放宽眼界，将书本中的知识，运用于处世之中，融入自身，才能称得上得到了“学问”，从而达到“胸藏文墨怀若谷，腹有诗书气自华”的境界。

做人与读书的本质是一样的，只有扎扎实实地立足根本、忠于内心、恪守原则、帮助他人，才能成为一个为人称道的人——只要有这种精神，就是一个高尚的人，一个纯粹的人，一个有道德的人，一个脱离了低级趣味的人，一个有益于人民的人。

四三、持身贵严，处世贵谦

严[①]近乎矜[②]，然严是正气，矜是乖气[③]，故持身[④]贵严，而不可矜。谦似乎谄，然谦是虚心，谄是媚心，故处世贵谦，而不可谄。

【注释】

①严：庄重，严谨。②矜：这里指傲慢，自大。③乖气：乖张的习气。④持身：在社会上立身处世。

【评析】

有的人处世严谨，态度严肃庄重，从表面上看给人以骄傲自大、缺乏亲和力的感觉。其实并非如此，这是他对自己要求严格的表现。如果你是品行良好的人，当你接近他时，你会发现，他待人十分谦和有度。而傲慢的人从表面到内心都轻视和疏远别人，当你接近他时，还会受到他的轻蔑与中伤。

虚怀若谷的人谦恭有礼，而曲意逢迎的人也十分恭顺，看上去两者很相似。但谦虚是内心充实而不自大，而献媚的人是有意讨好别人，以达到他的目的。可见，一个人立身处世，贵在谦虚，而屈膝献媚却为人所不齿。

四四、财要善用，禄要无愧

财不患其不得，患财得而不能善用其财；禄不患其不来，患禄来而不能无愧其禄。

【评析】

人人都想发财，但发财以后呢？是从此纸醉金迷、豪奢无度，还是善用钱财、救苦济贫呢？显然，后者才是一个人真正应该做到的。而那种“为财死”的人，是不会用财的人，他们不是把钱财用在享乐上，就是吝啬到极点，成为守财奴，连日常的吃穿用度都舍不得，这种人不仅可鄙而且可怜。

“无功不受禄”常常用在拒绝别人的奖赏与赠予中，可话又说回来，若是自己“有功”，受了当受之禄，无愧于心，那又何妨呢？这不仅能让自己的生活品质得以提高，使别人认识到自己的能力，还能因此结交到许多志同道合、惺惺相惜的朋友。

四五、交益友，立品行

交朋友增体面，不如交朋友益身心；教子弟求显荣[①]，不如教子弟立品行。

【注释】

①显荣：显达和荣耀。

【评析】

有些人交朋友时喜欢攀结富贵，认为这样会使自己的脸上增光。这些人不明白，交友贵在志同道合，相互勉励和箴规，修养自己的身心，修正自己的行为。身边常有这样的朋友才是人生的幸事。而酒肉朋友，或为一时之利与你交往的朋友，表面上称兄道弟，过从甚密，可当你面临困境时，他们会立即与你形同陌路，甚至还会落井下石，结交这样的朋友，非但无益，还会给自己招至灾祸。

教育子女时，应该把重点放在教养孩子的身心健康上，不要总为他们灌输将来一定要出人头地，取得荣华富贵的思想。否则孩子就会形成急功近利的性格，很容易被名利所困扰，甚至养成见利忘义、损人利己的不良品行。一旦心性败坏，有再多的财富、再高的地位，也终会落得身败名裂的结局。

四六、君子如神，小人若鬼

君子存心[①]，但凭忠信，而妇孺皆敬之如神，所以君子落得为君子；小人处世，尽设机关，而乡党皆避之若鬼，所以小人枉[②]做了小人。

【注释】

①存心：心里怀着的念头。②枉：枉然。

【评析】

《论语》中说：“君子周而不比。”意思是说，守礼的君子只讲

忠信却不甚合群。正因为如此，世人只看到君子的德操，就将其奉之为神。而那些小人，损人利己，毫无品德可言。更有甚者，为了损人，即使对己无益，也不让别人把好处得了去，为了达到目的，无所不用其极。对于这样的人，世人将其看作妖魔鬼怪，避之唯恐不及。这种人，即便一时得志，最后也只能落得个“树倒猢狲散”、众叛亲离的下场。

四七、对己要严，对人要宽

求个良心[1]管我，留些余地处人。

【注释】

①良心：指向善、无愧之心。

【评析】

“严于律己”，说起来简单，但真正实行起来，却很难。人，最大的敌人是自己，因而律己之时就不想从严了。因此，立身处世要常常自省，凡事要对得起自己的良心。以良心为道德底线，不做亏心的事，多行善事，使自己成为一个品德端正、受人爱戴的人。

对己要严，可对人却要宽。人人都有瑕疵，都有缺点，不能事事求全责备，要宽容别人的错误，理解别人的苦衷。这样一来，既能提高自己的人格品质，又能创造良好的人际氛围。

四八、慎言守口如瓶，洁身饬躬若璧

一言足以召[1]大祸，故古人守口如瓶，惟恐其覆坠也；一行足以玷终身，故古人饬躬若璧[2]，惟恐有瑕疵[3]也。

【注释】

①召：同“招”，招惹。②饬躬若璧：即守身如玉。饬，治理。躬，指自己。饬躬，指正身。③瑕疵：玉上的斑痕，比喻言行上的过失。

【评析】

很久以前，一个国家的使节向国王进贡了三个一模一样的金人，但告诉国王，只有答对了题才能拿走金人，使者的题目是：这三个金人哪个最有价值？国王召集了全体大臣，其中一个大臣胸有成竹地拿着三根稻草，分别插入三个金人的耳朵里。插入第一个金人耳朵的稻草从金人另一边的耳朵里掉了出来，插入第二个金人的稻草从金人嘴巴里直接掉了出来，而第三个金人，稻草进去后掉进了其肚子里，什么响动也没有。大臣说："第三个金人最有价值！"使者点头称赞，如约将金人送给了国王。这告诉我们，一个有道德、有修养的人应该对自己的言行负责，因此，要谨言慎行。慎言是德行，洁身自好自然也是德行。使自己的一生如碧玉般无瑕，是一门需要持之以恒，艰苦修炼的功课。

四九、安贫乐道，处之泰然

颜子之不较①，孟子之自反②，是贤人处横逆③之方；子贡之无谄④，原思之坐弦⑤，是贤人守贫穷⑥之法。

【注释】

①颜子之不较：颜回胸怀宽广。颜回（前 521—前 490），颜渊，孔子的得意门生。《论语·雍也》："一箪食，一瓢饮，在陋巷，人不堪其忧，回也不改其乐。"②自反：自我反省。③横逆：蛮横不讲道理。④子贡之无谄：子贡不阿谀奉承。出自《论语·学而》："子贡曰：'贫而无谄，富而无骄，何如？'子曰：'可也。未若贫而乐，富而好礼者也。'"子贡（前520—？），复姓端木，名赐，字子贡，孔子的弟子。⑤原思之坐弦：原思（前515—？），指原宪，字子思，孔子的弟子。坐弦，自在地弹琴。⑥守贫穷：安贫乐道。

【评析】

大千世界，无奇不有。有一种人，他们不但不明事理，强横无知，还常常故意冒犯别人。对待这种人，古代君子为后人树立了典范。颜回从不与他们计较，只淡然处之，提高自己的修养和素质，而孟子则以自省的方式，反思自己身上的过失。无论颜回还是孟子，他们都以君子的行为维护自身的品德不受污染。

《庄子·让王》中有"原宪安贫乐道"的故事。原宪十分贫穷，居住在一间破败不堪的草屋内，一到刮风下雨之季就会漏雨。但原宪不以为意，他正襟危坐，处之泰然，一面弹琴，一面唱歌，一点也没有愁苦的样子。子贡问他："你现在是不是很痛苦？"原宪笑着说："我听说，没有财富称为贫，学到知识而不能应用称为病。我现在是贫而不是病，有什么可痛苦的呢？"在原宪的心中，常常充满了学习和应用知识的乐趣，所以他能安贫乐道，活得自在潇洒。

五〇、山岳皆文章，松柏是吾师

观朱霞[①]，悟其明丽；观白云，悟其卷舒；观山岳，悟其灵奇；观河海，悟其浩瀚，则俯仰间皆文章也。对绿竹，得其虚心；对黄华[②]，得其晚节[③]；对松柏，得其本性；对芝兰，得其幽芳[④]，则游览处皆师友也。

【注释】

①朱霞：红色的云霞。②黄华：菊花。③晚节：菊花能在寒秋季节经霜犹茂，所以人们常用它来比喻人晚年节操高尚。④幽芳：清香。

【评析】

《红楼梦》里有一副对联很是绝妙："世事洞明皆学问，人情练达即文章。"意思是，把世间的事弄明白了，处处都能获得学问，把人情世故琢磨透了，便是最好的文章。其实，不仅人情练达为文章，山岳河川都可为文章，松柏云霞都能成为人们的老师，只要自己用心去体会、去揣摩、去学习。而且，也只有到大自然中去感知、学习，了解了自然的伟大与浩博，才能真正感悟人生、参透生命，就像那山水，那花鸟，那鱼虫……皆有生命，皆有灵性，皆可为文入诗。

五一、行善者自乐，奸谋者自坏

行善济人，人遂得以安全，即在我亦为快意[①]；逞奸谋事[②]，事难必其稳便，可惜他徒自坏心。

【注释】

①快意：心情愉悦。②逞奸谋事：使用奸诈的手段谋得利益。

【评析】

一个人能积德行善，不做损人害人之事，成就别人做成好事，就具备了仁、义、礼、智、信的品质。如此一来，行善者自己就会感到幸福快乐。而奸邪阴险、诡计多端的人，因为天天在算计着别人，时时在提防着别人，他们的内心已经腐坏了，因此一刻也快乐不起来。就像秦桧与其妻王氏，当他们以“莫须有”的罪名害死岳飞后，被后人用白铁铸像，使其永跪岳飞面前赎罪，甚至连铸像的白铁都有人为其鸣不平，曰：“青山有幸埋忠骨，白铁无辜铸佞臣。”

五二、吉凶可鉴，细微宜防

不镜于水[①]，而镜于人，则吉凶可鉴[②]也；不蹶[③]于山，而蹶于垤[④]，则细微宜防也。

【注释】

①镜于水：把水当镜子。②鉴：明察。③蹶：跌倒。④垤：小土丘，小土堆。

【评析】

被鲁迅先生评价为“沾溉后人，其泽甚远”的“西汉鸿文”《过秦论》，使人获得历史的经验教训，参透国家兴亡之理，成为后世的“前车之鉴”。由此可知，祸福吉凶，其实都是有先兆的，是能够被人们发现的。能及早发现端倪，便能使自己趋利避害，免受祸乱之灾。除了以史为鉴，能以人为鉴则显得更为重要。就像唐太宗以正直的宰相魏徵为镜，虚心纳谏，成为一代明君。所以唐太宗才会慨叹道：“以铜为镜，可以正衣冠；以史为镜，可以知兴替；以人为镜，可以明得失。”一代雄才大略的君主尚且需要以人为镜，可见，世人更应以前人的成败为参照，珍惜身边人的逆耳忠言，做到见贤思齐，从而获得成功。

另外，只洞悉吉凶还不够，想成功，还需在做事过程中防微杜渐，以免因为一些小事、坏苗头的壮大，而坏了自己的大业。

五三、安分守己，自得其乐

凡事谨守规模[①]，必不大错[②]；一生但足衣食，便称小康。

【注释】

①规模：一定的格局。②必不大错：一定不会有重大的过失。

【评析】

《礼记·中庸》中说："君子素其位而行，不愿乎其外。君子无入而不自得焉。"意思是说，君子只就现在所处的地位，来做他应该做的事，不愿去做本分以外的事。君子安心在道，乐天知命，安分守己，故能随遇而安，无论在什么地方，都能悠然自得。

芸芸众生，都应当以君子的行为作为榜样，学生就应该好好学习，注重学业，暂时将创业发家搁置一边，待学成之后再奋起直追；既然进入了一个小公司，就应该先好好工作，把属于自己的业务熟悉了，掌握了，才有机会获取经验，为早日进入大公司，甚至创业做好准备……那些不能安分守己、韬光养晦的人，最终也会因为自己的浮躁和好高骛远而失败。

五四、耐烦可贵，吃亏是福

十分不耐烦，乃为人之大病[①]；一味学吃亏，是处事之良方。

【注释】

①病：缺点。

【评析】

世事繁杂，生活其中，不耐烦，就不能使自己快乐。现代社会迅猛发展，生活节奏越来越快，忍耐之功是每个人都必须修炼的。耐得住寂寞，忍得了烦扰，自会否极泰来，踏上坦途。

都说吃亏是福，但几乎没什么人能吃得下去。相传，郑板桥在外为官时，其弟在家中与邻人产生争执，修书一封请郑板桥致函县官，以帮他打赢官司。可郑板桥却在回信中写道："吃亏是福。"他的弟弟受到感染，就撤回了状子，结果邻人感念他们兄弟的大度，主动向其示好。可见，有时吃亏真的是福。

五五、读书自有乐，为善不邀名

习读书之业，便当知读书之乐；存为善之心，不必邀[①]为善之名。

【注释】

①邀：希求。

【评析】

汉代文学家刘向说："书犹药也，善读之可以医愚。"其实，读书不仅能医治愚笨，还可以使人开朗，消除愤怒和化解抑郁，使人从中得到快乐。

雨果说："各种蠢事，在每天阅读好书的影响下，仿佛烤在火上一样渐渐熔化。"孙中山先生说："我一生的爱好，除了革命，只有读书，我一天不读书，就不能够生活。"这些名人的话说明，读书能使人增长智慧，医人愚钝，与人快乐，同时引导人一步步走向美好的境界。就像读书不是为了利禄一样，行善也不是为了获取声名。善是从心里生发出来的，是良心之举，那些为了沽名钓誉而做善事的人，只能成为伪善之人。

五六、知己过，取人长

知往日所行之非，则学日进矣；见世人可取者多，则德日进矣。

【评析】

若一个人能看到自己的不足，多反思自己的过失，谦虚谨慎，了悟"自知之明"的内涵，并使之融贯一生，那么这个人即使成不了圣人，也一定会成为贤者。人能清楚地看见自己的过错，就表示自己已经向前迈进了一大步。

俗话说："尺有所长，寸有所短。"每个人都有长处与缺点。所以，对待他人不能抱着吹毛求疵的态度，应该吸取他人的可用之处，扬长避短。这既是一种气度，更是一种智慧。

五七、敬人如敬己，靠己胜靠他

敬他人，即是敬自己；靠自己，胜于靠他人。

【评析】

每个人都有被尊敬的心理需要，所以人人都应将心比心，尊敬别

人，并且要向尊敬自己那样去尊敬别人；人人都要有所“依靠”，但一个人只有依靠自己，才能获得真正的成功，依附别人，即使得到成功，也不会长久。

“扬州八怪”之一的清代大画家郑板桥到晚年才得一子，但对其管教甚严，从不溺爱。他在病危时把儿子叫到床前，指名要吃儿子亲手做的馒头。当儿子做好馒头送到病床前时，郑板桥早已断气。儿子跪在床边，号啕大哭，忽然发现茶几上有张信笺，上面写着几行诗句：“淌自己的汗，吃自己的饭，自己的事情自己干，靠天，靠地，靠祖宗，不算是好汉。”

正如郑板桥给其弟弟信中所说：“余五十二岁始得一子，岂有不爱之理！然爱之必以其道。”所以，做家长的应该首先教会孩子“道”，也就是动手能力，掌握一些基本的生活技能，使孩子在实践中学会自立，从而培养孩子的优良品格与正确的人生态度。

五八、待人学长者，修身看君子

见人善行，多方赞成；见人过举①，多方提醒，此长者②待人之道也。闻人誉言，加意奋勉；闻人谤语，加意警惕，此君子修己之功也。

【注释】

①过举：错误的行为。②长（zhǎng）者：指年长而德高望重的人。

【评析】

待人、修身、治学，应该择其善者而从之，而长者、君子就是我们应该学习的“善者”。那些德高望重的人，因历经沧桑，早已看透世情，懂得人情世故，他们在说话、待人处世时考虑得更周全，不会像年轻人一样只凭一腔热血行事。而德行贵重的君子，为人坦率、真诚，重信用、讲信义，说话、做事表里如一，是道德的典范，也是修身治家的榜样。所以，年轻人应该多向他们学习、请教。

五九、奢吝俱可败家，愚明都能覆事

奢侈足以败家，悭吝亦足以败家。奢侈之败家，犹出常情；

而悭吝之败家，必遭奇祸。庸愚足以覆事[1]，精明亦足以覆事。庸愚之覆事，犹为小咎；而精明之覆事，必是大凶。

【注释】

①覆事：坏事，把事情搞坏。

【评析】

公元965年，宋兵攻入成都，后蜀国君孟昶投降宋朝。之后，宋太祖派大臣到成都查检后蜀的地图书籍、仪仗器物。当大臣回京之时，因其所呈上的仪仗器物都不符合法度，宋太祖就下令全部烧毁，只将地图书籍交给史馆。宋太祖看到孟昶使用的器物奢侈过度，甚至连溺器也用珠宝来装饰，就马上下令击碎它，并说："奢靡到如此地步，要想不亡国，可能吗？"可见，穷奢极欲不仅会败家，还可能会亡国。

另外，任何事情都不可走极端。有些人家财万贯，却吝啬到极点，如铁公鸡一般，连自己的衣食供应都不肯花钱，但钱财生不带来，死不带去，当他们一死，子孙无人管制，就会尽情挥霍，终致败家。同样，大智、大愚这样的极端品性，也容易使人做蠢事。

六〇、安分守成，不入下流

种田人改习尘市[1]生涯，定为败路；读书人干与[2]衙门词讼[3]，便入下流。

【注释】

①尘市：本意指城市，此处泛指商业活动。②干与：参与。③词讼：打官司。

【评析】

人应该脚踏实地，杜绝眼高手低，这才是我们谋求长远发展的正确思路。现如今的许多人，很少能够踏踏实实地做好自己的工作的，大都是这山望着那山高，结果最后哪座山都爬不上去，不是浅尝辄止，就是没有耐心和勇气坚持到底。所以，人要远离虚浮，远离好高骛远，同时又要避免因没有目标而误入下流。此处说的"下流"，内涵很广，只要我们不违背道德，不违背人情世故，不违背法律，便可以说是"不入下流"了。

六一、衣食知足，学无止境

常思某人境界[①]不及我，某人命运不及我，则可以自足矣；常思某人德业[②]胜于我，某人学问胜于我，则可以自惭矣。

【注释】

①境界：境遇，状况。②德业：德行，功业。

【评析】

人与生俱来就有“六欲”，嘴要吃，舌要尝，眼要观，耳要听，鼻要闻，身要享，不用人教就会。不仅如此，由此生发出“贪欲”“情欲”“恨欲”等，更是把人紧紧绕住，使人坠入罪恶的泥潭而无法自拔。常言道：“知足者常乐。”人人都懂得这个道理，却很少有人能真正做到知足。吃干粮时想喝肉汤，喝了肉汤又想吃肉。当然，每个人都向往高质量的生活，有些“贪念”无可厚非，也必不可少，可是为了满足欲望，抛弃正义、背离正道，就太不应该了。

不过，衣食应知足，但有一样却不能知足，那就是学习。懂得学无止境，努力求索，人生才能更上一层楼。

六二、贫富不改志，义利自取舍

读《论语》公子荆一章[①]，富者可以为法；读《论语》齐景公一章[②]，贫者可以自兴[③]。舍不得钱，不能为义士；舍不得命，不能为忠臣。

【注释】

①“公子荆一章”句：《论语·子路篇》：“子谓卫公子荆：善居室，始有，曰：‘苟合矣！’少有，曰：‘苟完矣！’富有，曰：‘苟美矣！’”孔子赞美卫公子荆不但知足，而且善于治理家产。②“齐景公一章”句：《论语·季氏篇》：“齐景公有马千驷，死之日，民无德而称焉，伯夷、叔齐饿于首阳之下，民到于今称之。”即使齐景公有巨大的财富，但是因为无德，他死后也得不到民众的称颂。伯夷、叔齐不食周粟（两人认为周武王伐纣灭商是臣子推翻君主的不当行为，所以拒绝吃周王朝的粮食），最后一起饿死在首阳山，被人们称道。③自兴：自我勉励。

【评析】

东晋陶渊明在《五柳先生传》中说："不戚戚于贫贱，不汲汲于富贵。"意思是说，贤明的人不为贫贱而忧虑悲伤，不为富贵而盲目追求。贤者对待贫富的态度不囿于世俗，他们不因贫富而忧喜，更不因此而改变心志。这样的人，必然会受到人们的赞美。相反，手中聚集无数财富却挥霍骄横、远离善行的人，只能为人所不齿。

此外，对待钱财的态度还反映了一个人的气节。视财如命的人，不但从来舍不得以财富济世，并且在大义与金钱面前往往选择金钱，而成为见利忘义的人。与他们不同，义士常常对金钱非常淡泊，以济世为乐，对个人利益从不斤斤计较，甚至能做到舍生取义。这样深明大义的人，他们的美德注定被世人传颂。

六三、富贵不忘谦恭，衣禄务须俭致

富贵易生祸端，必忠厚谦恭，才无大患；衣禄原有定数，必节俭简省，乃可久延[①]。

【注释】

①久延：持久。

【评析】

人在身处富贵之中时，很容易骄纵腐败，给自己及家人招来灾祸。因此，只有正确对待优越的生活与显赫的地位，才能受人尊敬，从而维持安定的生活。东汉初年，名将冯异随光武帝刘秀南征北战，为东汉政权的建立立下了赫赫战功。但冯异却为人谦虚，从来不吹嘘自己的功劳。每一次打完胜仗后，别的将领都会聚在一起相互夸耀自己在战斗中多么勇猛。而冯异却总是默默地走开，一个人躲到大树底下，从来不自矜自傲。时间长了，他就被大家称为"大树将军"。刘秀称帝后，冯异被封为征西大将军、阳夏侯。富贵荣誉加身，地位显赫一时，但冯异依然谦恭谨慎，赢得了朝野上下的尊敬，并在去世后得到"节侯"的谥号，可见居功不自傲，富贵不迷失是何等可贵。

"由俭入奢易，由奢入俭难。"人一旦变得崇尚奢华，便仿佛掉入了无底洞，很少有不败落的。因此，要将开源节流作为持家的原则与真谛。若一个人能够秉持节俭的信条，那么，不论交友兴业还是持家治身，都不在话下。

六四、善有善报，恶有恶报

作善降祥，不善降殃，可见尘世之间，已分天堂地狱；人同此心，心同此理，可知庸愚之辈，不隔圣域①贤关②。

【注释】

①圣域：圣人的境界。②贤关：品德高尚者的境界。

【评析】

《涅槃经》上讲：“业有三报，一现报，现作善恶之报，现受苦乐之报；二生报，或前生造业今生报，或今生造业来生报；三速报，眼前造业，目下受报。”它表明了这样一个道理，作恶之人，终有报应，而那些行善积德、不干坏事的人终将得到福报。

“善有善报，恶有恶报。”这句话不仅是蒙受冤屈之人的疗伤良药，更是人世间的不变法条。现如今，恐怖组织已成为全人类的公敌，人们在积极合作打击这些惨无人道的暴徒的同时，应该始终坚信，这些人终会受到法律的严惩、人民的审判。

六五、和平处事，居心正直

和平处事，勿矫俗①以为高；正直居心，勿设机以为智。

【注释】

①矫俗：违背习俗。

【评析】

心态的平和与待人的和气既是为人处世的法则，也是化解矛盾烦扰的根本。心平气和地处理工作与生活中遇到的各种烦心事，不论大事小情，都将其处理得平顺和谐，这不就是人们的心愿吗？

要想实现这一心愿，就得先正其身。因为，“其身正，不令而行；其身不正，虽令不从”。明白了这个道理，人就会懂得万事以修心为先。只有内心正直，说出的话、做的事才能令人们信服。那些居心叵测的人，即使第一次人们因未看清他的真面目而相信了他，之后也绝不会再上第二次当，这样的人最终一定会被人们所鄙弃。

六六、怀悲悯心，莫避世事

君子以名教[①]为乐，岂如嵇[②]、阮[③]之逾闲[④]；圣人以悲悯为心，不取沮溺[⑤]之忘世。

【注释】

①名教：指以人伦之教、圣人之教为核心的礼教，也是儒教的别称。②嵇：嵇康（223—262），字叔夜，与阮籍、山涛、向秀、刘伶、王戎及阮咸合称为“竹林七贤”。他不屑于流俗，对司马氏的统治不满，后遭人诬陷，被司马昭所杀。③阮：阮籍（210—263），字嗣宗，与嵇康同为魏晋时期的名士。他好纵酒，有文才，崇尚老庄之学，蔑视礼教。④逾闲：指脱离常规，过分闲适。⑤沮溺：沮指长沮，溺指桀溺，他们都是春秋时的隐士，都反对经世济民，主张过归隐的生活。

【评析】

人活着，心中就应常怀悲悯之情。《少年派的奇幻漂流》中，那个少年不是没有机会把老虎赶下小船或是乘其不备推其下水后自己漂流而去，然而，即使在食物所剩无几还要提防虎口之时，他也没有那么做。当他知道小岛的危险后，不是一人乘着满载食物的小船离去，而是呼唤老虎和他一同离开险境。也许，正是因为他怀着一颗悲悯之心，上天才让他最终抵达人生的彼岸。

在现代社会中，作为社会化的人，不可避免要与形形色色的人频繁地接触、相处，而只有怀着悲悯之心，才能从容、淡然地处理好复杂的人际关系，使自己的生活有条不紊，井然有序。

六七、勤俭传家，孝悌和睦

纵子孙偷安[①]，其后必至耽酒色而败门庭[②]；教子孙谋利，其后必至争赀财[③]而伤骨肉。

【注释】

①偷安：不顾将来，只求眼前安逸。②败门庭：败坏家风。③赀财：

赀通“资”，指财产。

【评析】

家和万事兴，中国的传统美德就是勤俭持家，孝顺父母，兄友弟恭。做子女的孝敬父母、尊重长辈，做弟弟的敬重兄长，做兄长的善待幼弟，妯娌之间友善如亲，邻里之间和睦相处，生活在这样的环境中，什么样的人都会感到幸福的。

事实证明，只有爱才能实现上述一切。所以，学会爱父母，爱兄弟，爱他人。只要人人都献出一点爱，世界将变成美好的人间。这里的人间，自然包括你我的小家了！

六八、醇厚兴业，勤俭兴家

谨守父兄教条，沉实①谦恭，便是醇潜②子弟；不改祖宗成法③，忠厚勤俭，定为悠久人家。

【注释】

①沉实：稳重，诚实。②醇潜：敦厚，深沉。③祖宗成法：祖上所制定并被沿用的法则和做事的规范。

【评析】

成家立业，是男儿一生中最重要的两件事，要想做好这两件事，唯有敦厚、勤俭。

诚实守信、正直厚道是事业发展、兴盛的基石。试想，做生意时，缺斤少两、欺童诈叟，久而久之，生意能好得了吗？那些百年老店哪一家不是靠着“沉实”“醇潜”才得以辉煌百年，乃至更久的？

“历览前贤国与家，成由勤俭败由奢。”想兴家，就得勤俭。那些出身豪门，却不思勤俭，只思奢华享乐的人，完全没了先人创业兴家时的热情与头脑，又怎能不败家呢？

六九、知莲朝开而暮合，悟草春荣而冬枯

莲朝开而暮合，至不能合，则将落矣，富贵而无收敛意者，尚其鉴之①。草春荣而冬枯，至于极枯，则又生矣，困穷而有振

兴志者，亦如是也。

【注释】

①尚其鉴之：希望能够以此为鉴。

【评析】

古人的生活与自然紧密相连，因此古人常能发现蕴含于万物生机中的至理。人们常说，“月满则亏，水满则溢”，比喻事物兴盛到极点就会出现衰落的道理。如果富贵却骄奢挥霍，不知谨慎收敛的话，家道往往很快就会衰落。

古人说，“时过于期，否终则泰”。许多事物都遵循着互相转换的规律，就像野草，春天时生发，秋天时枯萎，而到极度枯萎时，又快到了发出绿芽的时节。就这样周而复始，年复一年。人生也是同样的道理，在困顿至极时，只要坚定自己的志向，发愤图强，就会柳暗花明，盼来希望，使人生重新焕发出勃勃的生机。

七〇、自伐自矜必自伤，求仁求义求自身

伐字从戈，矜字从矛，自伐自矜[①]者，可为大戒；仁字从人，义（義）字从我，讲仁讲义者，不必远求。

【注释】

①自伐自矜：“伐”与“矜”都是自我夸耀的意思。《老子》：“自伐者无功，自矜者不长。”

【评析】

人们在平日与人交往时，需要时刻保持一种谦虚谨慎的态度，自信但不可张狂。喜欢自吹自擂和夸夸其谈的人，总认为自己的才能与见识远高于别人，因此常表现出一副恃才傲物、盛气凌人的样子。在这种情况下，周围的人不可能与他团结一心，因此他遇到困难时，常常是众叛亲离，一败涂地。

“仁”“义”是受人推崇的传统美德，人们都希望整个社会是讲“仁”“义”的世界，遇到不合“仁”“义”标准的事，人们也常常会指责抱怨。但人们往往忽略了一个问题，树立良好的风气，传递“仁”“义”的精神理念应该从自己做起，从点滴小事做起。荀子曰：

"积土成山，风雨兴焉；积水成渊，蛟龙生焉；积善成德，而神明自得，圣心备焉。"看似微小的力量却可以推动整个社会文明的进步。

七一、贫寒也须苦读书，富贵不可忘稼穑

家纵贫寒，也须留读书种子；人虽富贵，不可忘稼穑[①]艰辛。

【注释】

①稼穑（jià sè）：种植与收割，泛指农业劳动。

【评析】

家境贫穷的父母坚持让后代读书，绝不仅仅是为了使后代求取功名，改变命运，更重要的是为了使他们摆脱愚昧，明道理，辨是非。读书是人生的一种洗炼与沉淀方式，坚持让后代读书是为了不让子孙庸俗沉沦，蒙蔽心智。

如果说读书是精神的滋养，那么农耕则是人们物质生活的保障。一个人即使再富贵，也不应忘记从事农业劳动的艰辛。不能忘记本分，奢侈浪费，而应珍惜劳动成果，使富贵和幸福能长久保持。

七二、勤俭孕育廉洁，艰辛炼铸伟人

俭可养廉，觉茅舍竹篱，自饶[①]清趣[②]；静能生悟，即鸟啼花落，都是化机[③]。一生快活皆庸福[④]，万种艰辛出伟人。

【注释】

①饶：富有。②清趣：高洁的趣味。③化机：天地造化的生机。④庸福：普通人的福分。

【评析】

诸葛亮在《诫子书》中说："夫君子之行，静以修身，俭以养德，非淡泊无以明志，非宁静无以致远。"勤俭的人没有非分的欲望，不会被名利迷惑心智，即使是过着简单的生活，也能自得其乐。相反，那些沉迷于名利的人，极易在名利的引诱与驱使下失去人生的正确方向。

普通人都希望早日拥有幸福，并尽量远离忧愁、劳累。而那些伟

大的人物，他们拥有广阔的胸怀，清楚只有经历艰辛的付出与持久的努力才能成就一番事业。

七三、存心方便为长者，虑事精详是能人

济世虽乏资财，而存心方便[①]，即称长者；生资虽少智慧，而虑事精详，即是能人。

【注释】

①存心方便：处处为他人着想，为他人提供便利。

【评析】

一个品德高尚的人，常怀善良和悲悯之心，乐于扶助身处困境的人，能给他们带来信心与动力。这种善举不分大小，都能给人带来关爱与温暖，“勿以恶小而为之，勿以善小而不为”，行善者只关心所做的事是否有益于人，不关心别人给予自己的赞誉是大还是小。

每个人处世的能力与他的天资禀赋有关，但主要还在于他待人处世的态度，以及努力的程度。一些智商很高的人自高自大，或者运用小聪明试图走成功的捷径，最后往往一事无成。而一些智商不高的人做事踏实，竭尽全力，考虑事情周详谨慎，也可以成为一个善于谋划的能人。

七四、怀振奋之心，讲诚恳之言

一室闲居，必常怀振卓[①]心，才有生气；同人聚处，须多说切直[②]话，方见古风。

【注释】

①振卓：振奋。②切直：真实而正直。

【评析】

人在闲散独居的时候，常会因为没有压力而变得懒散，如果没有高远的志向和强烈的上进心，人就会失去斗志，变得萎靡不振。因此有志向的人会把闲居时间利用起来，以积极奋进之心保持良好的精神状态。

在古代，好友相聚时，常常会说一些真诚恳切、相互勉励的话，以达到共同提高品德修养的目的。因此，当我们和很多人在一起时，也应该尽量做到言之有物，而不是滔滔不绝地说一些没有意义的话。

七五、有才若无有德若虚，骄惰毁家奢淫坏俗

观周公[①]之不骄不吝[②]，有才何可自矜；观颜子之若无若虚，为学岂容自足。门户之衰，总由于子孙之骄惰[③]；风俗之坏，多起于富贵之奢淫。

【注释】

①周公：姓姬名旦，亦称叔旦，是周文王姬昌的第四个儿子，周武王姬发的弟弟。因为他的封地在周（今陕西岐山北），因此人称他为周公或周公旦。他是西周初期杰出的政治家和军事家，也是受到孔子推崇的古代圣人之一。②不骄不吝：不傲慢，不吝惜。③骄惰：骄傲懒惰。

【评析】

真正有才能并且品德高尚的人，往往更加懂得内敛，处世谨慎谦恭。如历史上著名的圣贤周公，辅助周武王伐纣灭商，武王去世后，周公又辅佐侄子成王。周代的礼乐行政之法都是由他主持制定的。作为成王的叔叔和辅政大臣，周公虽然处于显赫的位置，但依然心怀国家，恪尽职守，谦恭待人，从不骄纵无度，自高自大，因此成为备受孔子敬仰的贤才。

骄纵与懒惰的习气，是致使一个家族败落的重要原因。古人常常提醒后代应时刻保持勤奋的作风，避免懒散成性，游手好闲，败坏家道。

社会的动荡也常与富贵人家崇尚极度的奢华有关，历史上民怨四起的时代，往往是统治者不考虑百姓的死活而随意挥霍的结果。因此，骄奢与懒惰可以说是两大必须戒除掉的人生陋习。对于个人与国家来说，都是如此。

七六、聚天地正气，读圣经贤传

孝子忠臣，是天地正气所钟[①]，鬼神亦为之呵护；圣经贤传，

乃古今命脉所系，人物悉赖以裁成[2]。

【注释】

①钟：汇集，聚集。②裁成：获得指导长成。

【评析】

“孝”与“忠”，是中华民族的传统美德。对父母孝顺尊敬，是一个人最基本的道德品质。由于父母经过无数辛劳才把子女养育成人，因此子女应当孝敬他们，让他们安稳地度过晚年，这就是孝道。忠诚，主要指对国家尽忠竭力，像岳飞、文天祥这样的人甚至不惜牺牲自我为国尽忠。

古代圣贤传下来的经典著作，是中国古代智慧与思想的凝聚和结晶。作为后人，我们也许无法获得圣贤的智慧与体悟，但我们可以细细品读那些经典著作，吸取其中的精华，使自己的心灵受到滋养。

七七、安乐使人惰，忧患催人勤

饱暖人所共羡[1]，然使享一生饱暖，而气昏志惰，岂足有为？饥寒人所不甘，然必带几分饥寒，则神紧骨坚[2]，乃能任事。

【注释】

①共羡：共同羡慕。②神紧骨坚：精神抖擞，英气十足。

【评析】

人生在世，谁都渴望过衣食无忧的生活。但长时间生活在安逸的环境里，容易让人产生懒惰的心态，失去开拓进取的动力，之前的雄心壮志慢慢被消磨，意志逐渐消沉，人生的目标离自己越来越远。

没有人愿意忍受饥寒交迫的折磨，但饥饿和寒冷却能使人奋发图强。逆境往往能激发人们的一种抗争精神，使人产生不屈不挠的意志。北宋文学家欧阳修四岁时就失去了父亲。家中贫寒，没有钱供他读书。他的母亲用芦苇秆在沙地上写画，教他写字，诵读诗篇。年纪大些时，他就到读书人家去借书来读，有时还将借来的书一字不落地抄写下来。通过废寝忘食、专心致志地读书，他终于成为位列于“唐宋八大家”的大文学家。

七八、愁烦中具潇洒，暗昧处见光明

愁烦中具潇洒襟怀，满抱皆春风和气；暗昧[1]处见光明世界，此心即白日青天。

【注释】

①暗昧：昏暗。

【评析】

人生际遇千万种，常会有不尽如人意之处，如果总是纠结于此的话，就会让自己处在低迷阴暗的情绪之中，人生的烦恼便永无止境。如果想摆脱无谓的痛苦挣扎，就需要多一些大度，学会平复和放松自己的心情。

在遇到打击或处于困惑之中时，很多人往往会觉得前路迷茫，此时应看到人生是充满光明和美好的，重拾信心，这样，心境就会像清澈的蓝天上的太阳一样明亮。因些，人在遇到困难时，萎靡不振是一种逃避，唯有勇敢面对才有利于自身的发展。

七九、势利者皆假，浮躁者无成

势利人装腔作调[1]，都只在体面上铺张，可知其百为皆假；虚浮[2]人指东画西，全不问身心内打算，定卜其一事无成。

【注释】

①装腔作调：故作姿态，矫揉造作。②虚浮：不切实际。

【评析】

把财势、利益看得很重的人，目光往往比较短浅，他们将财势当作人生的中心，与人交往时从不付出真心，对待有权势和地位显赫的人无比恭顺，言语浮夸地溜须拍马，而对于贫穷落魄的人则冰冷无情，嫌弃鄙视。他们经常对自己取得的权势钱财大肆炫耀，沉醉于别人的夸赞之中。这些嫌贫爱富，趋炎附势，只追求权、财的人大都十分虚伪。

有些人见识短浅，人格鄙俗，表面上虚张声势，内心却空洞无物，不肯沉下心来刻苦用功，而是整天夸夸其谈，没有一句认真去执行。这样的人从不肯脚踏实地，因此也很难有所成就。

八〇、求光明境界，修涵养功夫

不忮不求[①]，可想见光明境界；勿忘勿助[②]，是形容涵养功夫。

【注释】

①不忮不求：源自《诗经》："不忮不求，何用不臧。"忮，嫉妒。求，贪。臧，美善。意思是说一个人不嫉妒别人，也不贪图非分之财，这种人怎么可能做出不好的事情来呢？②勿忘勿助：源自《孟子》："必有事焉而勿正，心勿忘，勿助长也。"指修养身心一定要重视集聚道义，但不能有过高的期望，更不能揠苗助长，只要顺其自然就可以了。

【评析】

在《论语·子罕》中，孔子称赞学生子路为人坦荡正直。在穿着皮袍的富贵者面前，衣着破旧的子路却丝毫不感到自卑。这种气度不是假装出来的，而是靠内心的充实而逐渐形成的。拥有了真正的学问、高尚的情操，懂得了通达的世理，才会不轻看自己，把功名富贵和清苦贫寒看得十分平淡，由内而外表现出这种正直达观。所以孔子用《诗经·雄雉》中的诗句来称赞子路。

孟子一向主张君子要培养浩然正气，而且要讲求方法。《孟子·公孙丑上》中有这样一个故事：一个宋国人嫌自家地里的禾苗长得太慢，就把禾苗拔起来一截，他回到家后对儿子说，他今天帮助庄稼长高了很多，结果儿子跑到田中去看时，发现禾苗都已经枯萎了。孟子利用这个"揠苗助长"的故事说明在这个世界上，不讲求方法，一味想快速达到目的的人太多了。培养自身的素质也不能急于求成，想养成恢宏的气度，平时的所作所为就要从道义出发，努力保持思想与行为统一。既不能放任自流，也不能为了提高涵养而"临时抱佛脚"，偶尔做几件符合道义的事来自欺欺人，因为这样的人很难成为有浩然之气的君子。

八一、求其理，守其常

数虽有定，而君子但求其理，理既得，数亦难违；变固宜防，而君子但守其常[①]，常无失，变亦能御[②]。

【注释】

①常：规律。②御：应对。

【评析】

每个人的命运都有所不同，尤其当自己与其他人付出的努力相似，人生际遇却大不相同时，许多人便会认为命运是个“定数”，根本不由人掌控。事实上，事情的发展都是依照规律而运行的，只是有时明显，有时隐晦而已。因此，一味强调命运的定数，而放弃努力是无益的。在君子看来，只要做事时能看到事物发展的规律，不悖理行事，就不用去顾虑命运的好坏。

我们需要处理的事务纷繁复杂，需要面对形形色色的人，世事每天变幻莫测，让人难以应对，但君子却能坚守常道，做到“以常应变”。看似平淡无奇的常道正是万事万物的根本。只有行为坦荡，正直守常，才能走好自己的路。

八二、平为祥气，善是吉星

和为祥气，骄为衰气，相人者[①]不难以一望而知；善是吉星，恶是凶星，推命者岂必因五行[②]而定？

【注释】

①相人者：给人看相以预测命运的人。②五行：古代人认为，天下万物皆由金、木、水、火、土这五类元素组成。

【评析】

我们常说“相由心生”，人的品性往往能通过表情和气质显现出来，而人的品性又对人的命运有重要的影响。从容稳重的人往往内心充盈，做事有条不紊，待人宽容平和，因此被视为有祥瑞亲和的气度。狂傲焦躁的人往往骄傲自大，难以成事，因此被视为有衰败的气象。可见，古时候给人看相的人通过一个人的气度和面相来推测出一个人的吉凶祸福，这并不是什么困难的事。

当一个人心怀善念，他的善举就会给自己带来幸福、吉祥。因为无私的帮助已在周围人心中洒下了温暖的阳光，人们钦佩他的德行，当他遇到困难时，大家自然愿意帮他。而心地险恶的人总会挖空心思地利用周围的人，为谋取自己的私利损害别人，这样的人平时就深受痛恨，在遇到灾难时也没有人肯帮助他。所以说心怀恶念的人给自己带来的是灾祸。可见，通过一个人行善还是作恶来推断他的吉凶，准确度是非常高的。

八三、人生莫安闲，日用需简省

人生不可安闲，有恒业①，才足收放心②；日用必须简省，杜奢端，即以昭俭德。

【注释】

①恒业：可以长久经营的产业。②放心：放任的想法和念头。

【评析】

人想要过安定的生活，就不能整天无所事事地混日子。要有长期经营的产业，才能督促自己勤恳地工作。生活太过安逸就会无心进取，没有了目标，内心也失去了动力，久而久之，人就会变得颓废。有了长期从事的事业以及稳定的收入来源，才能让自己的心安宁下来。以免他们放任自己的心性，行为没有约束，最终导致碌碌终日，无所作为。

勤俭是一向受人推崇的持家之道。日常的用度不能过于铺张浪费，而是应节制有度。一方面，勤俭的生活能让我们节约下许多财富，以备日后应急之需。另一方面，人的欲望是很难满足的，一旦陷入奢靡，便难以自拔。节俭的生活有助于人们培养宁静的心境，保持高远的志向。因此，勤俭的作风每个人都应养成。

八四、秤心斗胆成大事，铁面铜头真气节

成大事功，全仗着秤心斗胆①；有真气节，才算得铁面铜头②。

【注释】

①秤心斗胆：心志如秤砣一样坚定，胆量像斗一样大，比喻有魄力，有胆识。②铁面铜头：脸像铁一样刚直，头像铜一样坚硬，比喻不畏权势，公正无私。

【评析】

一个人如果想成就大事业，除了要拥有广博的学识、坚韧的毅力和绝不松懈的努力，还需要不畏艰险的气魄以及胆略。历史上许多成就伟业的人都有过人的胆识。东汉末年，群雄割据，曹操占据北方，兵强马壮，一直对占据长江中下游地区的东吴虎视眈眈。后来，曹操发布檄文，举大军南下，东吴危在旦夕。此时的孙权并没有屈膝投降，而是誓死抗击，在周瑜等将领的协助下，大破曹军于赤壁，从而形成三足鼎立的格局，为后来吴国的建立打下坚实基础，因此才有曹操“生子当如孙仲谋”的慨叹。英雄的盖世气度连对手也不得不大加赞许，可见其可贵之处。

一个人想要做到公正严明，就必须具备高尚的气节。假如轻易就被权势吓倒或被贿赂收买的话，那就很难做到刚正不阿了。道德情操高尚的人，如果只是一个普通百姓，他会遵纪守法，受人爱戴。如果他担任官职，则一定会做到守正不阿，疾恶如仇，无私无弊，清正廉洁。这样的人，不管身处什么地位，都具有刚强的精神力量，因为，他们把真理当成不懈追求的目标。

八五、责己不责人，信己亦信人

但责己，不责人，此远怨[①]之道也；但信己，不信人，此取败之由也。

【注释】

①远怨：远离怨恨。

【评析】

《左传·宣公二年》中有这样一句名言：“人谁无过？过而能改，善莫大焉。”每个人都有可能犯错，那么怎样对待别人和自己的错误考验着一个人的道德水准。品德高尚的人往往对自己要求严格，对自己的错误深刻反省，能够认真听取别人的批评指正，而对别人所犯的错误则大度包容。这样做人不但不会招来别人的怨恨，还会赢得别人的尊重。相反，那些心胸狭隘的人，总是习惯将责任推卸到别人身上，自己犯错时狡辩掩饰，而对于别人的一点小错，总是抓住不放，小题大做一番。这样的人不会受到别人的喜欢，而是常招来不满和痛恨。

人与人，往往相互扶助、合作，才能成就大事。如果一个人凡事只相信自己，不信任别人，就容易变得自以为是和狂妄自大，遇到难题时，无法集思广益，借助别人的智慧。单凭自己有限的心力很容易独断专行，导致事情的失败。

八六、通达事理，无做作气

无执滞[①]心，才是通方士[②]；有做作气，便非本色[③]人。

【注释】

①执滞：偏执。②通方士：博学多才、通达事理的方正之人。③本色：本来的颜色，本来面目。

【评析】

人们都喜欢和通情达理的人交往，因为这样的人处世讲求事理，不固执己见。偏执的人，往往没有宽广的胸襟，常凭借自己的主观思维来判断事物，无视客观规律，最终往往难以成事。因此，在坚持原则的情况下灵活变通，守正出奇，对于一个生活在社会群体中的人来说非常重要。

矫揉造作的人，给人虚假的感觉，而不是发自内心的真情。与他人交往时，诚恳不可缺失，总是对人虚情假意，别人对你的好感与信任必然不能长久。

八七、心为主宰，名留后世

耳目口鼻，皆无知识之辈，全靠者[①]心作主人；身体发肤，总有毁坏之时，要留个名称后世。

【注释】

①者：通“这”。

【评析】

人的眼睛、耳朵、口、鼻等是身体的器官，而心是它们的主宰，如果失去了主宰，它们就无法发挥各自的作用。因此，一个心地善良、纯正的人，做事就符合道理，并且有益于他人。如果一个人心术不正，那他很可能会狭隘偏执，阴险自私，徇私枉法。这就是为什么人们要修行自己的内心，做一个高尚的人。

古人常说："身体发肤，受之父母，不可毁伤。"这样的训诫有其道理，我们应该珍惜父母给予我们的身体，但我们如果能努力做出一番成就，光耀父母，将会是一种更高层次的孝敬。人们常追求的"留名后世"，是要我们多做些有益于他人的事情，使身后留下受人歌颂的善名，才不辜负父母的生养教育之恩。

八八、有生资更要努力，慎大德应矜细行

有生资，不加学力①，气质究难化也；慎大德，不矜细行②，形迹终可疑也。

【注释】

①学力：学习的力度。②不矜细行：不拘小节。

【评析】

一个有天赋的人，如果依仗着天资聪颖，而不勤奋学习，那么他的学识也很难得到提高。所谓"玉不琢，不成器"即是这个道理。先天条件再好，不注重培养锻炼的话，也很容易沦为平庸之才。

人们常说"见微知著"，细微之处也许更能看出一个人的品质，只有在细微之处一丝不苟，才能在肩负重任时思路清晰，英明果敢。从承担小的责任做起，才能锻炼出胸怀天下的气度，不然，怎么会有"千里之行，始于足下"的说法呢？

八九、忠厚传世久，恬淡趣味长

世风之狡诈多端，到底忠厚人颠扑不破①；末俗以繁华相尚②，终觉冷淡处趣味弥长。

【注释】

①颠扑不破：无论怎样摔打都破不了，比喻道理、学说等牢固得无法被驳倒。颠，跌。扑，敲打。②相尚：竞相崇尚。

【评析】

社会风气之所以变得狡诈，是因为这样可以骗取别人的信任，得到利益。正因为如此，诚实忠厚才显得更加难能可贵。诚实的人并不比奸诈的人愚笨，而是他们认为欺骗的行为不合道义，难以过自己良心这一关。他们一贯以诚信待人，时间久了，必能得到别人的信任和支持。而那些巧施伎俩、欺世盗名之徒，因为偏离了正道，所以必然不能长久。

对于生活是否幸福快乐的问题，众人常以别人的标准来衡量自己，很少倾听自己的内心究竟想要怎样的生活。人们大都喜欢奢侈、热闹，这其实是被物欲蒙蔽的结果。只有内心宁静的人，才能远离浮华的名利之争，享受恬淡快乐的生活。

九〇、交正直友，学德高人

能结交直道[①]朋友，其人必有令名[②]；肯亲近耆德老成[③]，其家必多善事。

【注释】

①直道：正直之道，行为端正。②令名：美好的名誉。③耆德老成：德高望重的老年人。

【评析】

人们常说“物以类聚，人以群分”，通过一个人身边的朋友，便可以观察出这个人的品行。同时，朋友也可以对一个人起到引导和塑造的作用。《孔子家语》中说：“与善人居，如入芝兰之室，久而不闻其香，即与之化矣；与不善人居，如入鲍鱼之肆，久而不闻其臭，亦与之化矣。丹之所藏者赤，漆之所藏者黑，是以君子必慎其所处者焉。”可见交友时的选择是多么重要。多亲近正直上进的人，远离心术不正的人，才能提高自身的修养，使自己的人生之路越走越宽广。

与结交品行端正的朋友同样重要的，是要多倾听德高望重的老人的教诲。人们往往在年轻时不愿认真听老年人的教训，等到自己上了年纪后才突然发现，原来他们的话充满了人生智慧，可此时自己已不再年轻，悔悟已经太晚了。因此，年轻人应该认真思考老年人说的话，这些宝贵的经验会让年轻人在以后的人生中少走一些弯路。而且，年轻人还能从道德高尚的老人那里学到做人的道理，这对年轻人的人生大有裨益。

九一、解人纷争，解说因果

为乡邻解纷争，使得和好如初，即化人[①]之事也；为世俗谈因果，使知报应不爽[②]，亦劝善之方也。

【注释】

①化人：教化他人。②爽：差错，失误。

【评析】

每个人都不要忽视自己的力量。我们常以为，教化众人是身居高位的人做的事，其实，我们的一言一行也时刻影响着周围的人。尤其是那些品德高尚的人，更有责任感染身边的人。当邻里出现纷争时，不能认为事不关己，便对此视而不见，而是应该心平气和地为他们讲明做人的道理，让他们懂得邻里应当和睦互助的道理，这其实就是在教化他人。这种感化的作用看似微弱，可是假如每个人都能这样做的话，那么社会一定会更加和谐安定。

九二、发达需发愤，福寿要积德

发达[①]虽命定，亦由肯做功夫；福寿虽天生，还是多积阴德[②]。

【注释】

①发达：富贵显达。②阴德：暗中所做的有利于别人的善事。

【评析】

一个人是否能拥有富贵显达的人生，虽然客观条件起着很大的作用，但个人的努力也绝不容忽视。那些出身低微，但意志坚定、不懈奋斗的人往往比家庭环境较好却养尊处优、游手好闲的人更容易取得一番成就，这样的人才有资格自豪地说："人生是自己创造的。"如果完全相信命由天定，那么不是幻想不劳而获就是自暴自弃，这样消极的态度怎么可能会带来心中向往的那种好生活呢？

一个人是否有福气，是否能长寿，人们很难预测，好像是天生注定的一样。其实我们不必管天生的福寿命运如何，自己多努力，多做善事，就能拥有和乐安康。真正高尚的人，通达事理，不会为利益而纠结；行善积德的人，帮助别人，内心也快乐充实，自然就心情舒畅，身心健康，增福增寿。

九三、百善孝为先，万恶淫为首

常存仁孝心，则天下凡不可为者皆不忍为，所以孝居百行[①]之先；一起邪淫念，则生平极不欲为者皆不难为，所以淫是万恶之首。

【注释】

①百行：一切行为。

【评析】

心中常怀孝心、仁爱之心的人心地必定十分善良，有孝心的人懂得感恩父母，不做不合道义的事，为的是不让父母牵挂和蒙羞，不懈地努力为的是让父母能有安定的生活，并让他们得到别人的尊重。所以孝心不但断绝了恶念，还成了善行的源头。

有人说，世上的罪行只有一种，那就是盗窃。淫邪的念头也无外乎是不节制地满足欲念，占有本不该占有的东西。而且，人一旦陷入色欲的控制，就会无所顾忌，做出伤天害理的事来。所以，人们才常说“色胆包天”，可见，其危害之大。

九四、严于律己，处世不争

自奉[①]必减几分方好，处世能退一步为高。

【注释】

①自奉：对待自己。

【评析】

一个严于律己的人往往更容易成功，因为一个太过娇惯自己的人容易失去坚强的意志，奢侈放纵的人容易沉湎于享乐。只有目标高远

而清晰的人，才不会为眼前的纷繁所迷惑。

与人相处时，不要凡事都要分个高下才好。事事想争得上风、占到便宜的人，必然要侵占别人的利益，因此很难与人和睦相处。待人接物谦虚、清醒一些，体现出自己的修养和处世态度，这样反倒会赢得别人的尊重。

九五、安贫乐道，凡事忍让

守分安贫，何等清闲，而好事者偏自寻烦恼；持盈保泰[①]，总须忍让，而恃强者乃自取灭亡。

【注释】

①持盈保泰：当事业处于兴旺时，要谨慎行事，以保持鼎盛和安泰。

【评析】

人生的际遇各有不同，有人富贵，有人清贫。世人都企盼富贵，身处贫穷中的人也希望过上富裕的生活。如果不想通过自己的劳动，而是心生妄想，或以卑劣的手段窃取，则会给自身招来烦恼和祸患。因此，古人常说的“安贫乐道”不是忍受贫困，不思进取，而是劝诫人们走人间正路，戒除非分之想。

对于已经拥有富贵的人来说，即使是事业达到鼎盛，也不能骄傲自大，应该谦虚待人。如果自以为高人一等，倚仗财势欺压别人，那样离衰败也就不远了。

九六、谋求自立，早日成器

人生境遇无常，须自谋吃饭之本领；人生光阴易逝，要早定成器[①]之日期。

【注释】

①成器：成为可用之器，即成长，拥有成就。

【评析】

人长大后，不能总依赖父母过活，想在世上安身立命，自立自强，就必须有一技之长。这样，即使世事无常，境遇不断变化，自己的生活也会有所保障。

人的一生看似很长，可除去幼年懵懂、老年力衰，可以用来学习成长、建功立业的时间并不多。所以人在年少时就应该树立高远的目标，并督促自己循序渐进地实现自己的理想。免得岁月徒增，却庸庸碌碌，无所作为。

九七、川学海而至海，莠似苗而非苗

川学海而至海，故谋道[①]者不可有止心；莠非苗而似苗，故穷理[②]者不可无真见。

【注释】

①谋道：追求学问及人生的道理。②穷理：探究真理。

【评析】

知识的海洋，无边无际，人们在学习知识时，要像河流汇入大海一样，川流不息。这样才能融会贯通，境界开阔。

有时候，真理总与谬误混杂在一起，就像莠草与谷子很难区分一样。在探究事物的真理时，要勤于思考，善于总结，培养洞察真相的观察力，以及精准的判断力，从而达到抓住事物本质的目的。

九八、守身谨严，养心淡泊

守身必谨严，凡足以戕[①]吾身者宜戒之；养心须淡泊，凡足以累吾心者勿为也。

【注释】

①戕：损害，残害。

【评析】

古人以“守身如玉”形容爱惜自己。珍视自己的人往往对自己的一言一行都很谨慎，唯恐不当的行为会让自己的灵魂不安，人格受到污染。正是因为有这种信念，所以凡是有害的言行，哪怕可以让自己获益，正人君子也依然坚持不去做。

人的欲望从没有满足的时候，如果过分纠结于一些本不该得到的东西，必然会失掉自由与快乐。只有不为名利所羁绊的时候，才会有洒脱的心境。

九九、传在有德，信在有行

人之足传[1]，在有德，不在有位；世所相信，在能行，不在能言。

【注释】

①足传：值得被人传颂。

【评析】

一个受到颂扬和赞美的人，人们看重的主要是他高尚的品德，而不是他有多么高的地位。一个品质优秀、德行高尚的人，就算是普通民众，也会受人敬重，他的善举哪怕只是点滴小事，也会被人传颂。无德的人身处高位，不但不能为人造福，教化百姓，反倒会愚弄更多的人，使人们的生活陷入水深火热之中。

看一个人的品质如何，关键不是听他怎么说，而是看他怎么做。言行一致，说到做到的人才能赢得别人的信任。而只会说些花哨的言辞，而不把别人放在心上的人，最终会失去众人的支持。

一〇〇、令乡党无怨，传子孙恒业

与其使乡党有誉言[1]，不如令乡党无怨言；与其为子孙谋产业，不如教子孙习恒业。

【注释】

①誉言：赞美的言辞。

【评析】

一个人想得到别人的赞誉，尚可通过偶尔做几件好事来博得，而想让人对自己毫无怨言，则很难达到。“令乡党无怨言”不是曲意逢迎，靠讨好别人沽名钓誉，而是行为端正，无私无弊，所作所为能让人信服，无可指摘。

想为子孙谋求更大的产业是正常的心态，但如果不注重培养后代的品德，就会使他们养成骄纵、挥霍无度、不知进退的习气，这必然会导致他们频频犯错。另外，子孙的品德并不恶劣，但也没有谋生的技能，只知道坐吃山空，其结果依然是毫无建树，无力守成。因此让他们知书达理，具有良好的品德，并学一技之长，才是长久的打算。

一〇一、多记先贤言，细看他人行

多记先正[1]格言，胸中方有主宰；闲看他人行事，眼前即是规箴[2]。

【注释】

①先正：指以前的贤人。②规箴：劝勉的话。

【评析】

古代圣贤所留下的格言，是经过许多代人的传诵和实践而流传下来的，它是经验的积累、智慧的结晶。虽然随着时代改变，其中的一些观念已经有些不合时宜，但做人的普遍道理却依然适用，可以指导我们更好地处世做人。

对于发生在别人身上的事，我们要留心观察与分析，认真思考别人成功与失败的经验，总结事情成败得失的原因，以便指导自己以后的人生之路。

一〇二、精勤躬行，镇定自若

陶侃运甓官斋[1]，其精勤可企而及也；谢安围棋别墅[2]，其镇定非学而能也。

【注释】

①陶侃运甓官斋：陶侃（259—334），字士衡，东晋庐江人，他在任广州刺史时很清闲，为了不让自己变得慵懒，他每天早上搬运上百块砖到官署的外面，傍晚再把砖搬进来，以此督促自己勤奋。甓（pì），砖的一种。②谢安围棋别墅：谢安（320—385），字安石，东晋陈郡人。在淝水之战中，前秦苻坚率领几十万大军南侵，一时人心惶惶，当时谢安为征讨大都督，闲时仍在别墅与朋友下棋，镇定如常，在接到侄儿谢玄大破苻坚于淝水的信时，还轻松地对客人说："小儿辈大破贼。"

【评析】

对于大多数人来说，如果长时间处在优越的环境下会很容易忘记励精图治，而东晋时的名臣陶侃则非同一般。陶侃以勤勉著称，他虽然身居刺史，但闲暇的时候，仍通过运砖来激励自己不懈怠、不懒惰，这种态度，是我们应该学习的。

在大事面前，一般人很难保持淡定，而晋代名相谢安却能在关键时刻气定神闲，在大兵压境、胜负难料时，仍能和朋友轻松淡定地下棋，这种镇定自若的非凡气度就不是我们轻易所能学习的了。

一〇三、有济人之心，无争强之意

但患我不肯济人[①]，休患我不能济人；须使人不忍欺我，勿使人不敢欺我。

【注释】

①济人：救济别人。

【评析】

是否助人为乐，是衡量一个人品质优劣的重要标准。我们如果想帮助别人，其实方法很多，只看我们有心无心。如果我们有济世行善的想法，即使力量再微薄，也可以有所作为。

与人相处时，没有人愿意受人欺压。所以有人选择做一个强横的人，让人不敢欺压他。但与其让别人害怕你，还不如让人尊重你，爱戴你。当你品性善良，待人真诚时，想要欺压你的人就会心中不安，因此不忍欺负你。

一〇四、读书乃有福，教子即创家

何谓享福之人，能读书者便是；何谓创家[①]之人，能教子者便是。

【注释】

①创家：建立家业。

【评析】

人世间能称得上享乐的事情有很多，而安心读书是许多人的平生一大乐事。勤于读书的人，学识广博，视野开阔，提升了自己的思想境界，充实了自己的内心，洗涤了自己的心灵。心灵得到了滋养，所以会感到幸福。

什么样的人才算得上可以创立家业的人呢？答案是那些善于教育孩子的人。一个人幼年所接受的教育影响着他的一生，只有从小为孩子树立良好的榜样，把他培养成人格独立、品行优良的人，他将来才可能成为有远大志向、不懈进取的人才。有了这样的人继承家业，才能使家族长期兴旺。

一〇五、教子勿溺爱，子堕莫轻弃

子弟天性未漓[①]，教易行也，则体孔子之言以劳之，勿溺爱以长其自肆[②]之心。子弟习气已坏，教难行也，则守孟子之言以养之，勿轻弃以绝其自新之路。

【注释】

①漓：薄，多指社会风气浮薄。②自肆：自我放纵。

【评析】

父母疼爱孩子是人之常情，但真正懂得如何爱孩子的人，不是溺爱他们，而是教子有方。孩子在幼年时期性格还没有完全形成，发展潜力很大，父母应耐心引导，正确培养，使孩子养成良好的思维习惯和道德品性，为将来成长为出色的人才打下良好的基础。

孩子就像幼小的树苗，而父母和长辈的教育如同浇灌、修剪，小树一旦长偏或出现过多的枝杈，千万不能放弃不管，而是要耐心培育，使其成材。

一〇六、若成事业，不可无识

忠实而无才，尚可立功，心志专一也；忠实而无识，必至偾事[①]，意见多偏[②]也。

【注释】

①偾（fèn）事：坏事，使事情失败。②偏：偏执。

【评析】

一个忠厚实在的人，就算能力不足，只要能脚踏实地地专心做事，也能做出成绩。正像荀子在《劝学》中所说的："骐骥一跃，不能十

步，驽马十驾，功在不舍。锲而舍之，朽木不折，锲而不舍，金石可镂。”只要坚持不懈，终能见到成效。反之则会使事情失败。

一〇七、勿忘艰难之时，莫存侥幸之心

人虽无艰难之时，却不可忘艰难之境；世虽有侥幸[1]之事，断不可存侥幸之心。

【注释】

①侥幸：偶然和意外地获得利益。

【评析】

人们常说：“人无远虑，必有近忧”。世事变幻无常，因此，人处在顺境的时候，要为以后的生活做长远的打算，以应对将来可能出现的困难。这样在变故突然来临时，才不至于受到打击而一蹶不振。

靠点滴积累取得的财富和成功需要太长的时间，所以许多人总幻想靠侥幸实现梦想。人一旦心存侥幸，不劳而获的思想就会像野草一样在心中滋长，再也没有办法认真踏实地做事，离目标只能越来越远。

一〇八、心静则明，品超斯远

心静则明，水止乃能照物；品超斯远[1]，云飞而不碍空。

【注释】

①品超斯远：品质高洁，就能使心志高远。斯，就。

【评析】

人的心境就像水一样，只有水面平静时才能映照出事物的倒影，心境安宁时人才能品德端正，独善其身。如果人的内心浮躁，名与利便会让人心绪不宁，就如同身陷旋涡之中。可见，一个人心境的宁静与纷乱体现着这个人道德修养的高下。不被利欲牵绊的人才能来去自由，超然物外。

一〇九、清贫是顺境，节俭即丰年

清贫乃读书人顺境，节俭即种田人丰年。

【评析】

之所以说清贫是读书人的顺境，并不是孤立地去赞美贫困，而是指清贫可以使人养成廉洁自律的优秀品性。同时，没有奢靡的生活打扰身心，可以使人安心于学业，发愤上进，反倒会使学业精进。

节俭是中国人的传统美德，对于从事耕种的人来说，很难保证每一年都会丰收，如果平时注重节约，日子久了必然有所积累。当遇到歉收的年景时，也不必为温饱担心。即使不是种田的人家，也是一样的道理，把平时小处浪费的财物节省下来，可能会是一笔惊人的数目，当遇到突发情况时，这些财富也许就能帮我们脱离困境。

一一〇、讲求正直，莫入浮华

正而过则迂，直而过则拙，故迂拙之人犹不失为正直；高或入于虚，华或入于浮，而虚浮之士究难指为高华。

【评析】

一个人在处世时如果过于刚正就会让人觉得迂腐，太不懂得变通；如果过于直率，就会让人觉得笨拙，不懂得灵活。但刚正与直率毕竟是难得的品质，只有那些不人云亦云、随波逐流的人才能做到坚持真理。如果他们能在保持正直的前提下，懂得变通，就能把事情做得更加完美。

一个自视清高、目标总是不切实际的人，会让人觉得虚妄；恃才傲物的人容易自我膨胀，走向浮夸。高尚而有内涵的人则会摒弃这种轻浮、虚假的行为，因为一旦心浮气躁、孤芳自赏或追求虚华的表面，就不能保持内心的质朴，难以踏实勤奋地做事了。

一一一、异端背乎经常，邪说涉于虚诞

人知佛老为异端[1]，不知凡背乎经常者，皆异端也；人知杨墨[2]为邪说，不知凡涉于虚诞者，皆邪说也。

【注释】

①异端：指不符合正统思想的主张或教义。②杨墨：指杨朱和墨子。

杨朱，先秦哲学家，战国时期魏国人，字子居，道家杨朱学派创始人，后世称杨子，他的见解散见于《吕氏春秋》《列子》等作品中。墨子，名墨翟，春秋末战国初期宋国人，著名思想家、政治家。他提出了“兼爱”“非攻”等观点，创立墨家学说，并有《墨子》一书传世。

【评析】

人们常把不合正统思想的理论称作“异端”，对其进行排斥和打压，而随着时代的发展，对于什么是“异端”的解释也在发生变化。因此，我们需要辩证地看待文中所说的“异端”。在西汉初年，董仲舒提出“罢黜百家，独尊儒术”，结束了春秋战国以来百家争鸣的局面。此后人们大多以儒家思想为正统，对不合儒家思想的学说加以抑制。以杨朱、墨翟为代表的墨家思想被许多儒家学者视为左道旁门的邪说，但墨家思想中的“兼爱”“非攻”等观点自有其价值和闪光点。作者的论述旨在说明人在做事时应遵循常理和道德规范，不要把背离常规的学说和主张当作真理。

一一二、亡羊尚可补牢，羡鱼何如结网

图功①未晚，亡羊尚可补牢；浮慕②无成，羡鱼何如结网。

【注释】

①图功：图谋建立功业。②浮慕：平白地仰慕。

【评析】

如果一个人想建立功业，什么时候开始努力都是值得鼓励的。起步晚总比原地不动要好，有些人自知起步晚，基础不如别人，于是便更加努力地付出，最终与起步早的人建立的功业不相上下。

人们总是对取得成功的人无比羡慕，却很少思考那些人为什么能取得如此的成就。如果只是羡慕嫉妒，却不努力追赶的话，只能空留叹息。

一一三、道本足于身，境难足于心

道本足于身，以实求来，则常若不足矣；境难足于心，尽行①放下，则未有不足矣。

【注释】

①尽行：完全。

【评析】

世间的道理常蕴含在我们身边的小事中，如果我们留心观察，思考其中的规律，就能在发现和认识中增强我们认知世界的能力。就算是这样，我们还是觉得有太多的不足。因为事物是不断发展和变化的，因此，需要人具有发展的眼光，不满足于一时取得的成就。

人们常说“人心不足蛇吞象”，可见人的欲望永远都不会被满足。就像历史上的一些权谋者，即使早已权倾朝野、富可敌国，依然不能满足，而是朝思暮想登上皇帝的宝座，把天下据为己有，最终却往往在权力斗争中身败名裂，一无所有。人如果能尽早明白这个道理，就会有所收敛，懂得知足常乐，从而拥有宁静的心态和惬意的人生。

一一四、读书下苦功，为人邀福庆

读书不下苦功，妄想显荣[①]，岂有此理？为人全无好处，欲邀福庆，从何得来？

【注释】

①显荣：显达荣耀。

【评析】

俗话说：“一分耕耘，一分收获。”无论是宏图伟业，还是短期的奋斗目标，都要付出努力才能得以实现。既想取得骄人的功绩，又吝惜辛勤的积累，结果只能是白日做梦。

我们都生活在群体之中，在与人交往时，如果想要获得福报，就要心地善良正直，多做有益于别人的事。如果自私自利，损人利己，那样不会获得别人的尊重和支持，又何谈福报呢？

一一五、应知错就改，莫自甘堕落

才觉已有不是，便决意改图[①]，此立志为君子也；明知人议其非，偏肆行无忌，此甘心做小人也。

【注释】

①改图：改变方向或计划。

【评析】

“人非圣贤，孰能无过。”人生在世，犯错是难免的事。有自觉意识的人往往自立自强，会主动反思自己的言行是否有失当之处。一旦发现，就会立即改正，这种时刻注意端正自己言行、品性的人，才能成为品德高尚的君子。而那些时刻以自我为中心的小人，往往没有公德心，甚至失去了羞耻心，就算意识到自己的言行不合道义，而且已遭到旁人的非议，他们依然不思悔改，反而更加肆意妄为，无所顾忌。这也是他们之所以成为品行低下之人的重要原因。

一一六、交友宜淡，养生宜静

淡中[1]交耐久，静里寿延长。

【注释】

①淡中：在平淡之中，指君子之交淡如水，朴实无华，没有利益瓜葛。

【评析】

《庄子·山木》中说：“君子之交淡若水，小人之交甘若醴。君子淡以亲，小人甘以绝。”君子之交是建立在相互信任、彼此欣赏的基础上，是一种平淡的宁静与幸福，这样的友谊可以禁得住时间的考验。而小人交朋友只注重眼前利益，甚至会为了利益而背弃朋友。

人的心境与身体状况密切相关，宁静淡然的心态有助于身体的调节。如果把蝇头小利也放在心上，整天患得患失，劳心伤神，身体也必然受到损伤。只有以平和、淡泊的心态，不为世俗烦恼所扰乱，才能悠然自得，健康长寿。

一一七、熟思审处，忍让曲全

凡遇事物突来，必熟思审处，恐贻后悔；不幸家庭衅起[1]，须忍让曲全，勿失旧欢。

【注释】

①衅起：有了矛盾、嫌隙。

【评析】

生活中的突发事件往往会让人措手不及，所以在应对时，不要乱了阵脚，匆忙行事，而是应该冷静思考，分析事件的发展趋势和解决方法。时间久了，我们就可以把自己锻炼成为临危不乱、遇事不慌的人，也就是一个内心充实、有思想、有能力的人。

一个家庭就像一个组织，成员之间也会产生矛盾与纷争，只有及时妥当地处理才能避免矛盾扩大化。处理问题一定要讲求方法，以包容的心态、宽广的心胸，使家庭成员消除怨气，从而营造出和睦的家庭氛围。

一一八、聪明勿外散，耕读可兼营

聪明勿使外散[①]，古人有纩[②]以塞耳，旒[③]以蔽目者矣；耕读何妨兼营，古人有出而负[④]耒[⑤]，入而横经[⑥]者矣。

【注释】

①外散：外露。②纩：丝棉。③旒：冠冕前后下垂的玉串。④负：扛着。⑤耒：耕田时翻土用的工具。⑥横经：捧着经书。

【评析】

一个人有过人的聪明才智虽然是十分令人羡慕的事，但怎么看待自己的聪颖，体现着一个人的心性。古代的帝王、诸侯或卿大夫曾佩戴冕旒冠，除了装饰与象征地位，还有一个重要的作用，就是用冠上悬挂的玉串遮住自己的目光，不让自己显得过于聪明外露。我们常说“大智若愚”“大巧若拙”，真正有大智慧的人从不自我夸耀，到处显摆。他们会使自己保持谦虚谨慎，为的是使自己不断进取，有更大的作为。

古代中国有耕读传家的古老传统，作为一个以农耕文明为主的古国，中国人一向重视农耕。耕作被视为生存的根本，耕作能使人明白一饭一衣来之不易，养成勤奋节俭的作风。而读书是通达事理、增长见识、改善境遇的途径。耕作与读书兼顾，既可以磨炼人的意志，又

能培养出其正直的心性。

一一九、感恩知福，学求精进

身不饥寒，天未曾负我；学无长进，我何以对天。

【评析】

做人要常怀一颗感恩之心：父母把我们养育成人，师长对我们进行教导，朋友亲人鼓励与关爱我们，以及社会环境的繁荣和稳定，这一切使我们能够成长起来，并最终成就自己的事业。正因为受到如此厚待，我们才更应该发愤读书，增长知识和能力，争取早日回报社会、父母、亲友。

一二〇、勿与人争，唯求己知

不与人争得失，惟求己有知[①]能。

【注释】

①知：同“智”，智慧。

【评析】

在生活中，我们时常会遇到一些关于荣辱得失的事情，虽然争强好胜本是人之常情，然而名利终究是短暂的。相比于其他的，自己在做事时，增长智慧和能力才更重要。如果把精力全放在与人相争上，反而会失去自身成长与发展的良机，这其实得不偿失。

一二一、莫循规蹈矩，需灵活变化

为人循矩度[①]，而不见精神，则登场之傀儡[②]也；做事守章程，而不知权变[③]，则依样之葫芦也。

【注释】

①矩度：规矩和法度。②傀儡：木偶。③权变：灵活应对变化。

【评析】

制定规矩和法度，是为了使人们的言行得到规范，正所谓“没有规矩，不成方圆”，因此，大到国家，小到家庭，都有明文规定或约定成俗的规矩。然而，规矩是在一定历史条件下产生的，随着事物的发展和时代的变迁，之前制定的规矩也需要变通和更改。如果凡事依照规矩，不肯灵活处理的话，那样就必然会成为进一步发展的障碍。

一二二、文章如山水，富贵似烟云

文章是山水化境①，富贵乃烟云幻形②。

【注释】

①化境：由变化的景致转化而成的一种意境。②幻形：虚幻的形状。

【评析】

秀美的山水总能让人心旷神怡、流连忘返，而语言文字的魅力也能达到十分迷人的境界。一篇文采斐然、字字珠玑的好文章，会让人读起来畅快淋漓。因此，山水长久不变，文章也能千载流传。

富贵如过眼云烟，来去匆匆，一时繁盛光鲜，却难保长久。世人对名利趋之若鹜，有的人为了富贵劳心费力，甚至挖空心思，违背心性作恶害人。但这样去追求荣华富贵的人，终躲不过败亡的结局，而且之前所积累的家业也“忽喇喇似大厦倾”，繁华也会终成一场梦境。

一二三、于细微处察伦常，以德义化乡风

郭林宗①为人伦之鉴，多在细微处留心；王彦方②化乡里之风，是从德义中立脚。

【注释】

①郭林宗（128—169）：郭泰，字林宗，东汉时太学生的主要首领之一，以不愿接受官府的征召而闻名。②王彦方（141—218）：王烈，字彦方，东汉时人，以德行感化乡里，凡有争讼者，多请他来评判。

【评析】

在社会上与人交往，鉴别他人的品性很重要。想要看清一个人可以将细微的地方作为切入点，留心观察、理性分析，时间久了，哪怕对方再善于掩饰，也能露出真实的性情，我们就可以了解这个人是善

良正直，还是伪善自私。同样的道理，我们想成为一个正人君子，就要注重自己的细节，有损于品德的事，哪怕再微不足道也不要去做。

人生活在群体之中，遇到一些矛盾纷争是很正常的事。当家人之间、乡里邻居之间产生纠纷时，不要过于计较，而是要怀宽厚之心，大度处事，为他们做出榜样。即便他们有过错，也不要横加指责，而是心平气和地劝导他们，把道理摆明，恰当地处理矛盾，让大家心悦诚服，才能重归于好。东汉时的王彦方平常以德行感化乡里，受到后人的极大称颂。这表明，以道德感化的方法远胜于强硬批评和处罚。

一二四、不妄行欺诈，莫独享安闲

天下无憨[①]人，岂可妄行欺诈；世人皆苦人，何能独享安闲。

【注释】

①憨：愚笨。

【评析】

有些人喜欢自作聪明，总认为别人比自己愚笨，常靠耍一些小伎俩占便宜，并沾沾自喜。其实，世上并没有纯粹的傻瓜。那些愚弄人的小聪明只能一时得逞，时间一长必然被人识破。别人也会“吃一堑，长一智”，在以后的交往中提高警惕，使那些“聪明人”的骗术再也无法施展。

人生多艰，吃苦是难免的事，大部分人都是过着奔波劳碌的平凡生活。有的人拥有了富贵安乐的生活，而有些人可能遭受了打击，正生活在困顿之中。这个时候，道德品行高尚、志向高远的人，往往秉承着“达则兼济天下，穷则独善其身”的理念，不忍心独享安乐的生活，而去帮助那些需要帮助的人。所以，如果世人能多一些同情心，少一些自私心，这个世界就能更加温暖。

一二五、弱者未必弱，智者未必智

甘受人欺，定非懦弱；自谓予智，终是糊涂。

【评析】

天下人都知道受人欺侮是一件痛苦的事，正常人的第一反应必然是反抗，可有些人却甘愿忍受。他们不是混沌无知，而是除了具有极大的忍耐力，他们的心胸也极为宽广。这种人不是悲悯的圣人，就是有远大志向的英雄。圣人中的耶稣，别人唾他的左脸，他并不恼怒，并把右脸转向对方，因为他很清楚世间大众，都是他要救赎的人，怎么会去计较个人的感受呢？英雄中的韩信，他不和挑衅自己的人斗狠，甘愿忍受胯下之辱，不是因为惧怕恶少，而是尚有远大的志向等自己去实现。如果目光短浅，只顾逞一时之气，为一点小屈辱就拼个你死我活，又怎么成就大业呢？

自以为精明的人，处处不肯让人，凡事生怕吃亏，不但为了一己之私总是斤斤计较、机关算尽，甚至会忽视别人的利益。然而，日子久了，一旦引起别人的烦感和抵触，他们的计谋也就再难得逞。最后，不但得不到尊重，而且会失去友情，真是得不偿失。

一二六、功德文章传后世，史官记录善与恶

漫夸[①]富贵显荣，功德文章要可传诸后世；任教声名煊赫[②]，人品心术不能瞒过史官。

【注释】

①漫夸：妄加夸耀。②煊赫：声势盛大。煊，盛大。

【评析】

一个人拥有荣华富贵是值得羡慕的事，但富贵终究只能让人显耀一时。对于他人而言，就如留星飞逝、草木枯荣，没有任何影响。但是，功德文章却能留传后世、千载不朽，展现出一个人生命的意义。

人，无论贫富贵贱，地位高低，品德才是立身之本。功过是非、品行高下，终逃不过历史客观的评价。不论是高官厚禄，炙手可热，还是身处清贫，安守本分，只要品德端正，一样可以受人称道，并且得到人们的尊敬。

一二七、目闭可养神，口合以防祸

神传于目，而目则有胞[①]，闭之可以养神也；祸出于口，而口则有唇，阖[②]之可以防祸也。

【注释】

①胞：上下眼皮。②阖：闭。

【评析】

世事纷扰，往往让人迷失心性，增加自己的烦恼。因此，孔子在《论语·颜渊》中说："非礼勿视，非礼勿听，非礼勿言，非礼勿动。"由此可见先贤的智慧，即善于发现积极美好的事物，用心学习和体悟，以完善自己的道德品行，而对一些不该看到的、扰乱内心的事物，不如闭上眼睛不看，以达到内心的清静。

人们常说"言多必失""祸从口出"，可见，不当的言语会给人们招来麻烦。明于事理而有智慧的人，常常谨言慎行，对事对人从不妄加议论，以避免为自己招来无端的祸患。

一二八、富家难教子，寒士要读书

富家惯习骄奢，最难教子；寒士[①]欲谋生活，还是读书。

【注释】

①寒士：原指贫穷的读书人，泛指穷苦人。

【评析】

孩子成才扬名、光耀门楣是普天下为人父母者的共同心愿。按理说富贵之家更有可能为孩子提供良好的教育条件，更能让孩子拥有开阔的视野、大度的气魄。可事实上，偏应了那两句诗，"自古雄才多磨难，从来纨绔少伟男"。这是由于做父母的都想给孩子更多的关爱，久而久之却变成了溺爱，使孩子失去了成长和锻炼的机会。如果再养成生活奢靡、骄横跋扈的品性，长大后成为违法乱纪的人，就更是教育的失败了。

而贫寒之家，父母会教育孩子要怀有进取之心，靠自己的奋斗来改变艰难的处境。他们懂得激励孩子发愤读书，做内心充实、志向远大的人，长大后才能有所作为，振兴家业。

一二九、苟者不能振，俗者不可医

人犯一“苟”[1]字，便不能振；人犯一“俗”字，便不可医。

【注释】

①苟：草率，随便。

【评析】

没有长远的目标，只顾眼前快乐的人，一般都安于现状。这种得过且过的思想，不可能让人生发出力量和进取心，于是，他们便整天懈怠懒散地混日子，这样的人又怎么可能有所作为呢？

人的生活由物质和精神组成，物质固然重要，但如果一个人的精神世界极度空虚，就会让人感到庸俗，这是无法用药去医治的。一个人只有靠内心的觉醒，多学习和感悟，才能拥有精神寄托，并且不断提高自身的修养。

一三〇、建功先树志，防祸要直谏

有不可及之志，必有不可及之功；有不忍言[1]之心，必有不忍言之祸。

【注释】

①不忍言：发现了别人的错误却不忍心去指责和纠正。

【评析】

人的奋斗目标有高低之分，这好比是登高远望，正所谓“欲穷千里目，更上一层楼”，只有通过奋斗，取得更大成就的人，才能看到不一样的人生风景。普通人总认为自己的能力有限，觉得建立大的功业对自己来说是可望而不可即的事。但是，人的潜力是无限的，一般宏大的目标更能激励人奋进，培养人强大的毅力，所以，不应低估目标的力量。

一个正直的人，见到别人有过错时，应及时地进行善意的劝导，帮助他改正过失。就像古代的君主需要敢于直谏的诤臣，普通人身边也需要纯正诚恳的朋友。长辈教育孩子时，应该用中肯入理的话规诫他们的言行，这样才有助于他们的成长。如果因为碍于情面或过于疼爱而不管不问，那么就一定会种下恶果。

一三一、退一步易处事，功将成莫松懈

事当难处[①]之时，只让退一步，便容易处矣；功到将成之候，若放松一着，便不能成矣。

【注释】

①难处：不好处理。

【评析】

处理事务时，难免会有一些矛盾和纷争，如果各执己见，只从自己的利益出发的话，事情就会变得无法解决。如果能适当做出谦让，从整体的利益出发看问题，就会更有利于事情的解决。

“行百里者半九十。”想成就功业，除了要有高远的目标和一往无前的勇气，重要的还要有坚持不懈、咬定青山不放松的精神。因为事情越接近成功就越发困难，想要做事有始有终，就要坚定不移地走下去，一旦觉得胜利在望就松懈下来，只会功败垂成、功亏一篑。

一三二、无学为贫，无德为孤

无财非贫，无学乃为贫；无位非贱，无耻乃为贱；无年非夭，无述[①]乃为夭；无子非孤，无德乃为孤。

【注释】

①无述：没有什么值得记述的。

【评析】

每个人都有各自的命运，贫贱、富贵、长寿、早逝等各不相同。一个人活得是否快乐，活得是否有价值，与他拥有的金钱、地位等都没有必然的联系，真正的核心在于他的品德。

我们常会听说某个人“穷得只剩下钱了”，可见，在人们的心中，

钱财并不是唯一的财富。如果一个拥有财富的人品质卑劣、精神贫乏，没有人会发自内心地愿意与之交往，那么，他比生活在清贫中的人还要贫困。

相反，一个人如果地位卑微，但能够心系他人、多行善事，就会成为受人尊崇的人。如果一个人位高权重却贪婪自私、放肆妄为，也终会被世人唾弃。可见，地位卑微与是否低贱并没有直接的关系，只有品德差的人才是真正的低贱。

人的寿命有长短，但人生价值却并非用寿命来衡量。一些人在这个世上只经过了短暂的一生，却留下许多光辉的足迹，写下了光照后世的道德篇章，这就可以名传千古。而一些长寿的人却一生庸庸碌碌，没有留下任何可以启示后人的功德，那样也只是空活百岁而已。

子孙满堂，是令人欣慰的事，但如果总做些败坏道德的事，必然会使人心生怨恨，因没有人爱戴而陷入孤立。德高望重的人即使后代人丁不旺，但大家却都乐意亲近他。可见，与那些有子无德的人相比，无子而有德的人更能受到众人的尊重。

一三三、知过需能改，恶恶莫太严

知过能改，便是圣人之徒；恶恶[1]太严，终为君子之病。

【注释】

①恶（wù）恶（è）：前一个“恶”字为动词，指厌恶。后一个“恶”字为名词，指邪恶。

【评析】

“知过能改”，首先是能知过，肯自我反省，发现自己言行的不当之处，而不是狂妄自大，或是文过饰非、强词夺理。当认识到错误后能认真改正，就有进步的可能。如果能做到“闻过则喜”，更能成为胸襟宽广的正直君子。

“水至清则无鱼，人至清则无友”，如果一个人对待别人的缺点和过失丝毫不能容忍，就不能团结众人。应当在“严于律己”的同时“宽以待人”，给别人以悔过的机会，耐心地帮他们改正错误。这样的人，才能称得上是以德服人。

一三四、诗书为根本，孝悌立根基

士必以诗书为性命[①]，人须从孝悌立根基。

【注释】

①性命：安身立命的根本。

【评析】

刻苦攻读是读书人的本分，也是其立身处世的根本。在书中，丰富的知识能够帮助人们认知世界，前人的智慧能够让人心中豁然开朗，读书可以让人分清忠奸善恶、孝悌廉礼，培养人们高洁的品格。

孝是对父母恭敬尊重，悌是“长幼有序，友于兄弟”。能孝敬父母的人懂得感恩，与兄弟和睦相处的人重义而不会忘本。因此，崇尚孝道的人懂得尊重他人，而崇尚悌者有仁爱之心，如果做人从基本的孝悌做起的话，就会培养出高尚的人格。

一三五、得意需自持，苦心终有报

德泽[①]太薄，家有好事，未必是好事，得意者何可自矜？天道最公，人能苦心，断不负苦心，为善者须当自信。

【注释】

①德泽：品德和恩泽。

【评析】

天下人谁不希望自己的家中好事不断？但要知道，如果自己的品德太差，有好事降临却未必有好的结局。因为无端降临的好运很可能是靠不正当的理由得来的，平白无故地接受，很可能是祸患的开始。“无功受禄，寝食难安”，正直的人时刻讲求问心无愧，莫名的好运突然降临时，就要问自己以何德何能而居之。如果没有正当的理由，则应能看到其中的隐患，不会安之若素，更不会自我夸耀。

天地间自有公道，而公道的评断标准就是人心，如果一个人能够勤勉自省，多做有益于大众的事，把道义作为自己的行为准则，不去纠结是否能得到回报，时间久了，以至诚之心付出的人，必然会得到众人的赞美和爱戴。

一三六、有自知之明，需不卑不亢

把自己太看高了，便不能长进；把自己太看低了，便不能振兴。

【评析】

老子说："知人者智，自知者明"。能做到有自知之明非常不容易。人们最看不清、最不了解的往往就是自己。有些人盲目自大，而有些人却把自己看得一文不值。高估自己的人目空一切、骄傲自满，认为别人理所当然地应该尊重自己。他们看不到自己的不足，更不能容忍别人的意见。所以，他们也许天资聪明，却很难有大的长进。自卑的人与他们正好相反，自卑的人看不起自己，认为别人生来就比自己能力强。这样的思想容易使人自甘堕落，不能振奋起精神来取得进步。想要有所成就，就要摒除这两种极端的思想，只有自信而不骄狂，谦虚而不自贱，才能以独立健全的人格行走于世。

一三七、有为之士不轻为，好事之人非通达

古今有为之士，皆不轻为之士；乡党好事之人，必非晓事①之人。

【注释】

①晓事：通晓事理。

【评析】

有作为的人，绝不是举动轻狂、贸然行事的人。因为想把一件事做成功，必然要事先审慎地思考规划，在做事过程中坚持不懈，并在种种艰难险阻面前毫不退缩。而那些不能竭尽全力、态度轻率的人，不可能完成这样重大的事。

一些没有见过世面又非常好事的人，常为一些微不足道的小事争论不休，却并不清楚到底什么才是真理。他们之所以对鸡毛蒜皮的小事感兴趣，是由于他们的目光短浅，只能看到眼前的这些小利益，从来不会从国家和社会的角度去分析。这样的人，只会搬弄是非、搅乱安宁。

一三八、勿因噎废食，莫讳疾忌医

偶缘为善受累，遂无意为善，是因噎废食[1]也；明识有过当规，却讳言有过，是讳疾忌医[2]也。

【注释】

①因噎废食：吃饭时被噎住了，干脆连饭也不吃了。比喻怕出问题就索性不去做。②讳疾忌医：对疾病有所忌讳，不想让人知道，所以不肯就医。

【评析】

做善事不一定能得到令人欣慰的回报，有时还会惹来一些麻烦，甚至引起误解。无论是亲身经历，还是听说这样的故事，人们总会觉得心寒。但如果因为个别现象而放弃行善的话，那么这个社会就会被冷漠与自私填充。所以，坚信行善是一种极为高尚的美好品德，助人为乐可以提高自身的修养和道德情操，并能带动社会上的其他人伸出互助之手，这本身也不失为一种令人高兴的回报。

如果一个人清楚地知道自己犯了错并应当改正，但却因为怕丢面子而忌讳提及，甚至文过饰非、掩盖缺点。这样就像得了病因为怕人知道而不愿接受治疗一样，时间久了，缺点和错误只能越来越多。

一三九、以诚待友，肝胆相照

宾入幕中，皆沥胆披肝[1]之士；客登座上，无焦头烂额[2]之人。

【注释】

①沥胆披肝：比喻竭尽忠诚。②焦头烂额：本来形容救火时被烧伤，后来比喻处境狼狈。

【评析】

交友不在数量众多，而贵在以诚相待，历史上有名的“管鲍之交”是后人交友的典范。朋友之间若想建立长期稳固的友谊，首先要志同道合、相互敬佩，并且能相互指正与规谏，值得信任并托付大事。这样的朋友才能同甘共苦、荣辱与共，成为熠熠生辉的人生财富。

朋友是与我们密切接触的人，因此交友时要有所选择。品性良好、出类拔萃的人会促进我们奋斗进取，而苟且猥琐、毫无志气的人不但不能激励我们，反而会让人沾染上不良习气。刘禹锡在《陋室铭》中说自己交友“谈笑有鸿儒，往来无白丁”，登堂入室的朋友都是知识渊博、远见卓识的大学者，而不去交往没有见识的浅薄之人，这样才能让自己的思想境界得到提升。

一四〇、种田要尽力，读书要专心

地无余利，人无余力，是种田两句要言[①]；心不外弛，气不外浮，是读书两句真诀[②]。

【注释】

①要言：至理名言。②真诀：诀窍。

【评析】

我们想把一件事做成功，要在充分利用客观条件的同时，充分发挥主观能动性，尽自己最大的努力去完成，而不是错失机会、浪费时间。这与种田的道理相同，想要使土地生产出更多的农产品，就不能偷懒拖延，让土地荒废，而是要精耕细作，使土地发挥出最大的效益。

读书、做学问时，贵在专心致志，切忌心浮气躁。读书不能集中精力，必然达不到应有的效果，也很难在学问上精进。

一四一、要成就人才，勿暴殄天物

成就人才，即是栽培子弟；暴殄天物[①]，自应折磨儿孙。

【注释】

①暴殄天物：原指残害世间万物，后指任意浪费，不知爱惜。殄，灭绝。

【评析】

一个优秀的人才是十分难得的，作为长辈要善于发现人才，并注重点拨和提拔他们，给他们正确的教育和耐心的引导，使他们能够施展自己的才华，这就如同培养自己的子弟一样令人欣慰。许多时候，可以把自己的技艺、学说、精神发扬光大的并不是自己的后代，而是受到自己教育的学生。就像明代著名志士左光斗在见到自己的学生史可法时所说："吾诸儿碌碌，他日继吾志事，惟此生耳。"正是这个道理。

拥有富贵的人，如果骄奢淫逸、任意浪费，就容易不思进取、败德败家。这样不但没有给后代带来幸福，反而会累及子孙。

一四二、和气迎人，藏器待时

和气迎人，平情应物①；抗心希古②，藏器待时③。

【注释】

①平情应物：以平常心对待事物。②抗心希古：心志高远，以品德高尚的古人为榜样。抗，通"亢"，高尚。希，仰慕。③藏器待时：怀才以等待机会。器，指才华。

【评析】

中国人讲求"和气生财"，崇尚和睦相处。和气待人不是软弱，也不是一味迎合别人，而是相互尊重、相互谅解，把矛盾化解于无形之中。

"榜样的力量是无穷的"，以先贤的高尚品质作为自我奋进的目标，并善于激励自己，就会产生向上的动力。通过勤奋学习，打好坚实的基础，就只需等待施展才华的时机。如果只是空叹古人建立的伟大功绩，而不努力学习的话，就算机会降临，也只能白白浪费而已。

一四三、且坐矮板凳，珍惜好光阴

矮板凳，且①坐着；好光阴，莫错过。

【注释】

①且：暂且。

【评析】

"不经一番寒彻骨，哪得梅花扑鼻香。"无论是做事，还是做学问，都要耐得住寂寞，能沉下心来，踏踏实实地付出努力，才能有所成就。

时光短暂易逝，只有珍惜时间，把握机会，以有用之身做有用之事，发挥出自己最大的潜能，才能实现自己的人生价值，活出自己的精彩。

一四四、不失良心，只走正路

天地生人，都有一个良心，苟[①]丧此良心，则其去[②]禽兽不远矣；圣贤教人，总是一条正路，若舍此正路，则常行荆棘[③]之中矣。

【注释】

①苟：如果。②去：距离。③荆棘：比喻困境。

【评析】

世上的人都应该有一颗善良仁爱的心。孟子说“人性本善”，并认为人有“四心”，即恻隐之心、羞恶之心、辞让之心和是非之心。这些都不需要向外求取，而是人内心本来就有的。而一个人一旦失去了恻隐、羞恶、辞让、是非这四种基本良知，就和禽兽没有什么不同了。

人要走正路，首先要有高洁的品格，这样才能端正做人。圣贤从来都是导人向善，教人以“仁、义、礼、智、信”等做人的基本原则。如果遵循这些正确的原则做事，人生之路就会越来越宽广。如果认为认真做人做事太过迂腐，而想走旁门左道的话，也许会一时得意，但终究会误入歧途，走入荆棘之路。

一四五、务本业其境常安，当大任其心良苦

世之言乐者，但曰读书乐，田家乐，可知务本业者，其境常安；古之言忧者，必曰天下忧，廊庙[①]忧，可知当大任者，其心良苦。

【注释】

①廊庙：庙堂，指朝廷或国家大事。

【评析】

世人都想得到幸福与快乐，却常常因为盲目追求名利而使自己陷入烦恼之中。相比之下，专心读书和从事农事的人，往往能远离纷扰的世界，在宁静的生活中自得其乐。可见，不好高骛远，并专心于自己本业的人，通常能够得到简单而快乐的幸福。

范仲淹在《岳阳楼记》中说，忧国忧民的人“居庙堂之高则忧其民，处江湖之远则忧其君”，并且“先天下之忧而忧，后天下之乐而乐”。可见，一个心中悯怀天下的人，往往时刻心系苍生，确实用心良苦。正是他们这种以天下为己任的精神，激励着无数人公而忘私，不计利害得失，为民众造福。

·四六、求死天难救，求福唯靠己

天虽好生，亦难救求死之人；人能造福，即可邀悔祸[①]之天。

【注释】

①悔祸：避免祸乱发生。

【评析】

生命是十分可贵的，天地间万物欣欣向荣，说明上天也是热爱生命的。但即使是这样，如果有人万念俱灰，唯求一死的话，恐怕也没有谁可以挽回。这种逃避现实的做法既可怜又可悲，他们不知道，一旦抛却了生命，就会一无所有。懂得生命的价值，才会死得其所，而不是白白浪费了生命。

祸患常常发端于微小的事件当中，所以要培养敏感的洞察力，学会防患于未然。这就需要人时时反省自己的言行，一个能为世人造福的人，可以用自身高尚的品德去感化别人，引导他人为社会服务。这样，也许就避免了犯错的人继续犯错，不知改过自新。

一四七、薄人者必被薄，欺人者必被欺

薄族[①]者，必无好儿孙；薄师[②]者，必无佳子弟，吾所见亦多矣。恃力[③]者，忽逢真敌手；恃势[④]者，忽逢大对头，人所料不及也。

【注释】

①薄族：对待族人很刻薄。②薄师：不尊重师长。③恃力：倚仗力气欺人。④恃势：倚仗势力压人。

【评析】

一个对待身边亲人都刻薄寡恩的人，一定是心胸狭隘、丝毫没有

爱心的人。这样自私自利的人，必然不是孝敬的儿孙，很难指望他对社会做出怎样的贡献。即使当他有了自己的后代，他的儿孙也不会愿意接近他。同样的道理，一个对待师长薄情寡义的人，就算学习再突出也算不上是好学生，因为他的品行不够好。这样的人当了老师后，他的学生也不见得会尊重他。

人们常说："人外有人，天外有天。"就是告诉人们要谦虚谨慎，不可焦躁，不要倚仗勇力或权势来与人争斗。那些横行霸道、为所欲为、作恶多端的人，迟早会遇到更强的敌手，而且终将一败涂地。

一四八、为学之道，教人之法

为学不外"静""敬"二字，教人先去"骄""惰"二字。

【评析】

做学问的要领无外乎"静"和"敬"两个字。"静"是指治学读书要沉下心来，坚持不懈；而"敬"字是指做学问要秉承严谨负责的态度。著名历史学家、文学家范文澜曾在自己书斋中悬挂一副对联用以自勉："板凳要坐十年冷，文章不写一句空。"说的就是要在"静"和"敬"字上下功夫。

做学问时的障碍逃不过"骄"和"惰"两个字，要想有所建树或教导别人成才，就一定去除它们。这是因为当一个人产生了骄傲自满或懈怠懒散的心态时，就很难再取得进步。骄傲自大容易让人沉迷于已经取得的成绩，不再积极上进，也难以在探究学问的道路上走得很远。

一四九、知己乃知音，读书为有用

人得一知己，须对知己而无惭①；士既多读书，必求读书而有用。

【注释】

①无惭：没有愧疚之处。

【评析】

鲁迅先生曾在赠给瞿秋白的话中说："人生得一知己足矣，斯世，当同怀视之。"意思是说，人的一生中，有一个真正的朋友是多么难得，在艰难困苦的时候，朋友间总能患难相扶，不怀私心。因此，应该把知己看作亲兄弟一般，关爱他就像关爱自己一样。

书籍是知识的海洋，智慧的源泉，读书不能刻板地死记硬背，而是应该领悟书中的真谛，活学活用。读书越多的人越懂得融会贯通、举一反三的道理，并讲求知识的实效性。因此，古人做学问，最终的目的是为苍生造福。

一五〇、以直道教人，以诚心待人

以直道[①]教人，人即不从，而自反无愧，切勿曲以求荣也；以诚心待人，人或不谅，而历久自明，不必急于求白[②]也。

【注释】

①直道：正直的道理。②求白：设法为自己辩白。

【评析】

当我们看到一些人犯错时，常常会想，就算自己诚恳相劝，对方也不会听，说出来反倒惹人不高兴，还是不说为好。其实，这种想法是不正确的。作为一个正人君子，在提高自身品德的同时，还应该感化其他人向善、上进，这样才能做到问心无愧。即使对方一时听不进去，但等到他冷静下来之后，通过认真思考，很可能会感悟到你规劝的合理之处，从而改过自新。相反，如果你对别人的过错视而不见，任其日渐堕落的话，又怎么能称得上是一个品德高尚的人呢？

一个人能以一颗诚恳的心对待他人，表明他有着良好的道德素养。以诚待人，有时可能不被人理解，甚至还会被人误会。这时就需要以豁达的心胸来对待，只要自己做到了问心无愧，时间长了，别人也许就能明白你的心意。

一五一、志士粗粝能甘，英杰纷华不染

粗粝[①]能甘，必是有为之士；纷华[②]不染，方称杰出之人。

【注释】

①粗粝：粗劣的食物。粝，糙米。②纷华：繁华。

【评析】

所谓“有容乃大，无欲则刚”，不追求外表奢华的人，不慕虚荣、不挑剔食物好坏的人，能节制自己的欲望。这样的人往往志向远大，在名利面前可以淡然处之，而且能够吃苦耐劳，勤恳刻苦地去实现自己的理想。

怎样才能成为一个出类拔萃的杰出人才呢？除了要具备刻苦执着的奋斗精神，还要能做到身处纷繁华丽的环境中时，仍然抵得住诱惑，保持清白高洁的品德。具有了这种洁身自好、“出淤泥而不染”的高尚品质，才有可能成为一个杰出的正人君子。

一五二、执拗不可与谋，机趣始可言文

性情执拗之人，不可与谋事也；机趣流通[1]之士，始可与言文也。

【注释】

①机趣流通：风趣，活泼。

【评析】

与人谋划事情时，最怕遇到执拗而偏激的人。他们固执地坚持自己的看法，从不肯听取别人的意见。而且他们处理事情时武断偏激，不能冷静思考，更拒绝进行理性分析，这样很难把事情做成。

治学时常与人交流才会发生思想的碰撞，从而开阔思维、相互启发，这样才能进步得更快。而且每个人的天资禀赋有所不同，文学艺术受天性的影响很大。因此，选择那些未被世俗蒙蔽，始终保持一份纯真，并能发自内心地欣赏世间万物，才思敏锐、心中蕴藏着无限美好的人，来交流学习，才会获得更大的收获。

一五三、不必凡事皆能，唯与古人相通

不必于世事件件皆能，惟求与古人心心相印。

【评析】

世间的学问种类繁多，想样样精通是不可能的事，因为人的精力有限，过于分散精力必然一事无成。因此，如果能根据自身的特长，选定自己的道路之后就兢兢业业地走下去，并且坚持下来，必然有所成就。无论从事什么工作，只要能做到以先贤的光辉思想为引导，保持高尚的人格，追求成功的志向，这就是有意义的人生。

一五四、无愧于心，收效桑榆

夙夜[①]所为，得无抱惭于衾影[②]；光阴已逝，尚期收效于桑榆[③]。

【注释】

①夙夜：早晚。②无抱惭于衾影：北齐刘昼在《刘子·慎独》中说："独立不愧影，独寝不愧衾。"这里指独处的时候不觉得愧对自己的良心。衾，被子。③桑榆：指晚年。

【评析】

一个人如果年轻时不求上进，碌碌无为，甚至做出败坏道德的事情来，等到上了年纪时再醒悟，面对早已青春不再的人生，确实会让人心生悔恨。所以，人们要从小培养良好的心性，知荣辱、求上进，正直勤俭，不取非分所得，才能不被一些不良事物所迷惑，失去进取的动力，甚至做出一些损人利己的事情来。这样，就可以做到对外无愧于天地，对内无愧于良心了。

人生数十载，每个人的生命都宝贵而短暂，因此要懂得珍惜时光，尤其是青春年少的美好岁月，更不容虚度。如果有些人，因为少年懵懂或错失机遇而没能取得显著的成就，绝不应自暴自弃，而应该立足当下，发愤学习，以求在以后的人生中有所成就。正如《论语·微子》中所说的："往者不可谏，来者犹可追。"已经逝去的，就不要再纠结懊恼，那样只能继续浪费精力和时间，唯有奋起直追，才会有机会书写人生的新篇章。

一五五、先人栉风沐雨，后辈勿忘勤俭

念祖考[①]创家基，不知栉风沐雨[②]，受多少苦辛，才能足食足衣，以贻后世；为子孙计长久，除却读书耕田，恐别无生活，总期克勤克俭，毋负先人。

【注释】

①祖考：祖先。②栉风沐雨：借风梳头发，借雨洗头，指整天不顾风雨地在外奔波，形容创业的辛苦。

【评析】

《墨子·辞过》中说："俭节则昌，淫佚则亡。"历史上这样的事例屡见不鲜，就如同一个朝代开始时，开国帝王励精图治、勤奋节俭，而后代的继承者往往腐化奢靡、不务正业，致使基业灭亡。可见，开创一番基业是十分不容易的事，而后人要保持事业的兴旺更要具有进取心，时刻不忘先人创立基业的不易，并且懂得恪守勤俭作风，才能使家业长久兴旺。

长辈总想为后人做长久的打算，盼望他们能为家族增光。然而，想要实现愿望，就要教育他们勤恳从事耕种和读书，因为耕种可以养身心，让人不忘根本，读书能够明理，让人不至于陷于庸俗堕落。后人只有发愤学习、勤俭持家，才能做到不辜负先人的奋斗和期望。这样的教导看似浅显而朴素，却充满睿智和启迪，因为其根本在于树立健全的人格，这一点在任何时代都不会过时。

一五六、生时济于乡里，逝有可传之德

但作里[①]中不可少之人，便为于世有济；必使身后有可传之事，方为此生不虚[②]。

【注释】

①里：乡里。②不虚：没有虚度。

【评析】

想成为"济世"人才，并不一定非要做出轰轰烈烈的事。一个人只要能尽自己所能，哪怕是在乡里中，也能做些对民众有益的事。

做一个不计较个人得失、心怀大众的人，才能成为德高望重的人。

人如果想在身后留下美好的名声，除了要具有杰出的才能，还一定要具有高尚的品德。那些卑鄙恶劣的小人就算再有才学，积累再多的财富，也只能留下恶名和骂名。

一五七、齐家先修身，读书在明理

齐家[①]先修身[②]，言行不可不慎；读书在明理，识见不可不高。

【注释】

①齐家：治理家庭。②修身：修身养性。

【评析】

《礼记·大学》中说："古之欲明明德于天下者，先治其国；欲治其国者，先齐其家；欲齐其家者，先修其身；欲修其身者，先正其心……心正而后身修，身修而后家齐，家齐而后国治，国治而后天下平。"可以说，修身、齐家、治国、平天下，是无数有志之士为之奋斗的目标。但是，并不是每个人都有治国、平天下的机会与能力，而修身与齐家却与普通人的生活密切相关。做为一家之主，想要管理好整个家庭的事务，先要修身养性、端正己身，才能树立威信，为其他家庭成员起到垂范的作用。

读书时要讲求灵活变通，在吸取前人的智慧、增长自身见识的同时，使自己能够明辨是非。我们常说："尽信书不如无书。"不加思考，把书本中的理论生搬硬套于现实生活，是一种迂腐，更是思想的懒惰。只有不断思考和钻研的人，才会在前人思想的基础上，拥有自己的感悟和创新。

一五八、积善者余庆，多藏者厚亡

桃实之肉暴于外，不自吝惜，人得取而食之；食之而种其核，犹饶生气焉，此可见积善者有余庆也。栗实之肉秘于内，深自防护，人乃破而食之；食之而弃其壳，绝无生理矣，此可知多藏者必厚亡[①]也。

【注释】

①厚亡：大的损失。

【评析】

一个性情宽厚仁慈的人，必然常怀仁爱之心，看到有人身处困境时，就会伸手援助，而不去计较是否能得到回报。这种总给别人带来恩惠的人，必然会受到人们的敬仰。他的美德也会被传播与光大。同时，受到他帮助的人也会心怀感激之情，把这份恩情报答到他家人的身上。“投我以桃，报之以李”和相敬互爱，说的正是这个道理。

相反，贪婪成性的人常劳神费力，终日不得放松和快乐，而且常自私自利、对人苛刻，在他人遇到危难时，往往会落井下石，这样的人不仅会给自己招来灾害，也一定会殃及子孙。

一五九、修心求备，读书求深

求备[①]之心，可用之以修身，不可用之以接物；知足之心，可用之以处境，不可用之以读书。

【注释】

①求备：追求完美。

【评析】

追求完美是一种精益求精的精神，但这种做法只能用来要求自己，而不能对别人求全责备。因为每个人身上总有一些小缺点，一个既有能力又能包容别人的人，必然会受到别人的拥戴。而一个人能力很强，却对人苛责，动不动就横加指责的人，必然使人不愿与之交往。只有“严于律己，宽以待人”的人，才能做到既能提升自我，又能团结他人。

人的欲望是无穷的，只有学会知足，才能体会到快乐。对环境不要过于挑剔，无论身处贫贱还是富贵，都要保持平和快乐的心态，才有利于修身养性。但切不可把这种知足的态度用于读书求学上，因为那样就会使人出现懒散懈怠的情绪，学业停滞不前。

一六〇、有守者其节不挠，立言者后世可传

有守虽无所展布，而其节不挠[①]，故与有猷[②]有为而并重；立言即未经起行，而于人有益，故与立功立德而并传。

【注释】

①挠：屈服。②猷：谋划。

【评析】

有道义的人往往有操守，当所处的环境抑制人的志向，不能使人有所作为时，君子就会退而坚守，不与世俗同流合污。在这种情况下，即使没能使道义得到弘扬，至少没有让它丧失，还可以有得到宣扬的时候。这样的人必然有坚强的内心和不屈不挠的精神，他们与有谋划、有所作为之人的贡献相同。

《左传》中说："太上有立德，其次有立功，其次有立言，虽久不废，此之谓不朽。"后世有志之士则把"立德""立功""立言"作为终生追求的目标，称之为"三不朽"。"立德"指树立圣人之德，"立功"指建立功绩，"立言"即著书立说。虽然"立言"没有直接体现在行动上，但文字的力量是无穷的，同样可以教导、影响别人，对后世产生影响。因此，才会受世人推崇。

一六一、殷殷求教者向善必笃，汲取智慧者进德可期

遇老成人[①]，便肯殷殷[②]求教，则向善必笃也；听切实话，觉得津津有味，则进德可期也。

【注释】

①老成人：年长而又有德行的人。②殷殷：虚心。

【评析】

一心向善的人，必定尊重年长的人。因为德高望重的老人品德高尚，能向他们求教的人，必然有一颗"见贤思齐"之心。而且，老人的人生阅历丰富，能够明辨事理，如果年轻人肯向他们虚心求教的话，他们会告诉你许多宝贵的人生经验，使你在以后的为人处世中不断实践、验证，并从中获益。

朴实客观的话并不一定谁都听得进去，有些人只想听华而不实的客套话，对于一些切合实际的话反倒反感。能听得进真话、平实的话的人一定虚怀若谷，愿意接受正确的意见和规谏，这样的人其品德也会日臻完美。

一六二、有真涵养，著大文章

有真性情，须有真涵养；有大识见，乃有大文章。

【评析】

清代叶燮在《原诗》外篇中说："诗是心声，不可违心而出，亦不能违心而出。"清代李渔在《闲情偶寄》中说："凡作伟世之文者，必先有可以传世之心。"可见诗文是作者的心声，文章的高下，与作者内心的涵养有很大关系。

想写出影响后世、流传千古的"大文章"，必然有很高的见识。高屋建瓴、立意深远、内涵丰富的文章，不仅能抒发作者的胸怀，而且能激发世人思考与奋进。就像李白的诗清新飘逸、大气磅礴，苏轼的词清新豪健、饱含哲理，这样的奇文必然会被世代传诵与称赞。

一六三、让是为善之端，敬为立身之道

为善之端[①]无尽，只讲一"让"字，便人人可行；立身之道何穷，只得一"敬"字，便事事皆整。

【注释】

①端：方法。

【评析】

明代学者方孝孺说："虚己者进德之基。"一个人能常怀谦让之心，不把心思放在争名逐利上，他的心境必然超然淡泊，做人也会更加踏实。

我们常听到这样一句警语："凡执事不敬者必败亡。"即如果做一件事不是怀着恭敬的态度去做，就一定不会成功。更多的时候，我们也许开始做一件事时认认真真、小心谨慎，到后来则越来越麻痹大意、懈怠轻慢，同样会功败垂成。人们常说的"不忘初心"也是这个

道理。所以，拥有兢兢业业、一丝不苟、有始有终这样的品质，才是做好一件事的根本。

一六四、是非自知，得失自明

自己所行之是非，尚不能知，安望知人？古人以往之得失，且不必论，但须论己。

【评析】

一个人如果连自己的言行是对是错都分不清的话，怎么能指望他准确认清别人的是非呢？无法确定自己言行是否恰当的人，一定没有清晰的是非观，正因为他心中没有正确做事的标准，才无法识别他人的对错。如此缺乏洞察力的人，很容易就会被别人表面的东西所蒙蔽，受到误导和迷惑。因此，想了解别人，首先要修养自己的身心。

对于古人的成败得失，不要妄加评判，而是从中吸取经验教训，对照自己的行为，得出一个准确的判断。增强辨别是非对错的能力，才能知道在以后的为人处世中，怎么定位和判定自己的言行。

一六五、怀仁厚之心，戒虚浮之气

治术①必本儒术②者，念念皆仁厚也；今人不及古人者，事事皆虚浮也。

【注释】

①治术：治理国家，使国家强盛的方法。②儒术：儒家的方法。

【评析】

一种思想和学说是否能被社会认同，要看它是否能够使社会和谐、百姓乐业。儒家思想之所以受到推崇，就是因为其整个思想体系都出自一个“仁”字。儒家思想以仁爱为本，主张规范人们的言行，使人们讲究伦理、纲常，以实现社会的稳定。虽然随着社会的进步，儒家所提倡的仁孝节义显现出一定的局限性，但就整体而言，儒家思想从封建社会至今都起到了积极的作用。

古人做事注重知行合一，而后来的人们却变得空虚而浮躁，很多人都只看到眼前的利益，不去管事物的本源。甚至常常以儒家学者的名义欺世盗名，一味追求名利，而不再脚踏实地地做事，这些人都是虚浮的代表。

一六六、莫大之祸，起于不忍

莫大之祸，起于须臾[①]之不忍，不可不谨。

【注释】

①须臾：一会儿，片刻。

【评析】

《论语》中说："小不忍，则乱大谋。"即在小事上不忍耐，就可能坏了大事，甚至还会招来灾难。人如果没有忍耐力，冲动之下很难保持头脑的冷静，做事无法把握尺度，致使事情败落。想成大事，一定要培养耐性，才能克制冲动，避免意气用事。正如清代的胡林翼所说："能忍人之所不能忍，乃能为人之所不能为。"就是认识到了忍耐的重要性。

一六七、体察他人情，做事益他人

家之长幼，皆倚赖[①]于我，我亦尝体其情[②]否也？士之衣食，皆取资于人，人亦曾受其益否也？

【注释】

①倚赖：依靠。②体其情：体会到他们的情感。

【评析】

在一个家庭中，成员之间如果和睦相处的话，是家庭幸福的体现。家庭成员间感情上相互依赖，就是要上孝老人，下爱子女，夫妻和睦，兄弟相亲。多给家人关心和爱护，当他们遇到困难和障碍时，积极帮助他们，这会让整个家庭处于祥和温暖之中。

读书人不直接参加生产劳动，吃穿用度都来自别人的辛勤劳动。既然从他人那里获取很多，就应当怀着报答之心。读书人能回馈给世人的唯有学问，只有发愤治学，才能对社会有所回报。

一六八、读书积德，事长亲贤

富不肯读书，贵不肯积德，错过可惜也；少不肯事长，愚不

肯亲贤[①]，不祥莫大焉！

【注释】

①亲贤：亲近品格高洁的人。

【评析】

富有的家境能给人提供更好的读书条件，显达的时候可以凭借自己的能力为别人提供帮助。但现实中却有人不知道利用这样的机会，去读书或做善事。殊不知，一旦失去了这样的条件，再后悔也是枉然。

年轻人不尊重老人，甚至嫌弃老人；愚昧的人不向明白事理的人请教，反而自以为是，这两种情况都是很危险的事。尊老敬老是中华民族的传统美德，作为年轻人，应该关爱自己的父母，并敬重长辈，才能做到长幼有序，使自己做一个知孝道、明礼仪的品德高尚之人。生活中难免会遇到一些让人困惑不解的事，这时要多向贤明的人请教，接受点拨后很可能就会及时走出迷蒙。而且通过别人的指点和教导，也会逐渐提高自己做事的能力以及自身的修养。

一六九、五伦为教有大经，四子成书有正学

自虞廷[①]立五伦[②]为教，然后天下有大经[③]；自紫阳[④]集四子成书，然后天下有正学。

【注释】

①虞廷：虞舜，即舜帝，中国上古时代的部落联盟首领。②五伦：即父子有亲，君臣有义，夫妇有别，长幼有序，朋友有信。③大经：不能轻易改变的礼法。④紫阳：朱熹（1130—1200），字元晦，徽州婺源人，学者称其为紫阳先生，南宋理学大家。

【评析】

所谓五伦，是指君臣、父子、兄弟、夫妇、朋友这几种人伦关系，儒家学派倡导君臣有义、父子有亲、夫妇有别、长幼有序、朋友有信。五伦中包含了世间大部分人际关系，也可以说在为人们提出道德规范的同时，也勾勒出了一幅美好的社会景象。如果世人把这几种关系处理好的话，则会家庭和睦、社会稳定。因此，五伦的理论有其积极意义，并起到了维护社会安定的作用。

南宋理学家朱熹把《论语》《孟子》《大学》《中庸》编定在一

起，称为《四书集注》。这四部著作是孔子、孟子、曾子、子思这四位先贤的思想精华，因此，《四书》在当时为读书人确定了正统之学，并成为明清时期科举考试的主要依据。随着时代的发展，《四书》的地位发生了变化，但其中所包含的智慧依然值得人们潜心学习。

一七〇、利禄不可动，富贵不能淫

意趣[①]清高，利禄不能动也；志量远大，富贵不能淫也。

【注释】

①意趣：志趣。

【评析】

“利欲驱人万火牛”，陆游的这句诗道破了人世间的多少机锋。世人大都为丰厚的利益、显赫的地位拼命奔波。然而只有一个人的志向高远、情趣高雅，才能不使自己陷入利欲的旋涡，难以自拔，也才不会被富贵扰乱了本心。

《孟子·滕文公下》中说：“富贵不能淫，贫贱不能移，威武不能屈，此之谓大丈夫。”君子不会见利忘义，不会被富贵所迷惑，他们不求私利、不争虚名、不媚流俗，追求的是雅量高致、从容不迫。这样才能保持清醒，不被奢靡的生活瓦解了高远的志向。

一七一、势家女难奉，富家儿难处

最不幸者，为势家女[①]作翁姑[②]；最难处者，为富家儿作师友。

【注释】

①势家女：有财有势人家的女儿。②翁姑：公婆。

【评析】

娶一位有家势的妻子，也许是许多男人的愿望，但要清楚的是，有钱势人家的女儿，如果有教养还好，如果从小骄纵无度、不明事理，嫁到丈夫家后依然蛮横无理，就会很容易引发家庭纷争。如果做公公、婆婆的吃了苦头，难免会与她理论，这样就会挑起两家人的矛盾，闹得鸡犬不宁。更有人会认为自己的家势不如女方，只好忍气吞声。

给富家子弟当老师也是件很难的事，贫寒人家的孩子大多朴素诚恳，知道受教育的机会来之不易，所以会尊重师长。而富人家的孩子如果从小没有受到父母的严格教育，就会任性贪玩、不思进取，更不肯刻苦读书。他们的家长也常常轻视老师，见到孩子学业没有长进很可能会埋怨老师水平差。如果老师严格管教学生，家长又会因为溺爱孩子而对老师不满。所以，无论怎么做都常常得不到认可。

一七二、使财有度，用药有方

钱能福人①，亦能祸人②，有钱者不可不知；药能生人③，亦能杀人，用药者不可不慎。

【注释】

①福人：使人得福。②祸人：使人遭难。③生人：使人生存。

【评析】

每个人都明白钱的重要性，都知道在关键时刻钱所发挥的作用。人活在世上，一天也离不开金钱物质的支撑。当经济条件好时，人们可以有更大的空间施展自己的抱负，按照自己的理想来生活，不至于因为捉襟见肘而在做事时畏缩不前。同时，有了财物，我们才能去帮助处在困境中的人，使更多人受益，为社会做出贡献。这些都是财物为人造福的一面，但是钱财也能使人受害。如果一个人为金钱所驱使，就会做出坑蒙拐骗或贪赃枉法的事来，这样的人反倒被财富所累。

我们常说“重症需猛药”，但这句话却不是绝对正确的。如果对症下药，就有起死回生的功效；如果用药不当，则会害人丧失性命。世间许多事与用药的道理相通，比如一种政策与制度的变革，不能矫枉过正；教化犯错的人改过，要方法得当、循序渐进，这都与慎用药物的道理相通。

一七三、身体力行，集思广益

凡事勿徒委①于人，必身体力行，方能有济②；凡事不可执于己，必广思集益，乃罔③后艰。

【注释】

①委：依赖。②济：成功。③罔：避免。

【评析】

如果我们想把一件事做成的话，就要深入实践，不能什么事都交给别人去做。不管身处怎样的位置，做事都应该身体力行，做到刻苦勤勉、尽力而为，这样才有可能成功。自己付出了全部的努力，即使事情不成，也不会怨天尤人。

"三人行必有我师"，在做事时除了积极实践，还要注意不能一意孤行，要善于与人交流沟通，集中大家的智慧，汲取有益的意见，群策群力，使事情朝更好的方向发展。因为做好一件事情有很多复杂的因素，一个人再能干，智慧和精力终是有限的，如果能借助大家的力量，就会更容易把事情做成。

一七四、耕读成其业，仕宦未足荣

耕读固是良谋，必工课无荒，乃能成其业；仕宦虽称显贵，若官箴[1]有玷，亦未见其荣。

【注释】

①官箴：原指官员对帝王的劝谏，后来指对官吏的劝诫。

【评析】

耕种和读书是被古人视为根基的两种职业。耕种可以使人得到历练，锻炼人不怕吃苦、勤俭节约的品质；而读书可以使人提高修养、增长才干。耕种要春种、夏长、秋收、冬藏，遵循自然规律，尽力而为，才能有所收获；读书也要寒暑不废、坚持不懈，才能有所作为。

步入仕途本是一件光荣的事，但如果为官不想着廉洁自律、恪尽职守、为民造福，而是腐化堕落、贪赃枉法，必然会遭到世人的鄙夷，这将是十分可耻的事。

一七五、儒者多文为富，君子疾名不称

儒者多文为富，其文非时文也；君子疾[1]名不称，其名非科名也。

【注释】

①疾：担忧。

【评析】

一个读书人，如果才思敏捷，能写出很多文章，而且这些文章都不是空洞无物、敷衍塞责的应试之作，就可以看作是一种富有。显然，历时千百年依然闪耀着熠熠光辉的无数名篇佳作常常就是作者抒发自己的内心，把自己的思想、智慧和情感注入作品中的结晶，即使是时光流转，这样的文章依然能让后人产生共鸣。这样的文章才能称得上是不朽之作，能写出这样文章的作者，才称得上富有。

《论语》中说："君子疾没世而名不称焉。"是指品行高尚的君子常担心自己在有生之年，没有可以值得称道的德行与功绩。他们在乎的不是浮俗虚名，更不是科举之名，而是担心自己的品德达不到高尚的境界。他们以此来要求自己，做人要正直善良、崇尚道德、光明磊落，如果他们的品质"如冰之清，如玉之洁"，自然可以名垂后世、光照后人。

一七六、博学笃志，神闲气静

"博学笃志，切问近思"，此八字是收放心的功夫；"神闲气静，智深勇沉"，此八字是干大事的本领。

【评析】

广博地汲取知识，才能开拓思维，使学问融会贯通。同时，学习的志向要坚定，不可以见异思迁、心猿意马，更不能活在散漫、任性和放纵之中。学贵有恒，只有坚持自己的志向，克服懈怠，才能使学问有长足的进步。

想成大事，必须要锻炼自己的能力，培养自己沉着勇敢、临危不乱的气度。做事前要有长远的眼光、全面的谋划，充分考虑各方因素和各种突发的情况，做好周密的计划。这样，才能在做事时冷静果敢、应对自如，把自己培养成为一个胆大心细，既有魄力又思维缜密的人才。

一七七、益友规我之过，小人徇己之私

何者为益友？凡事肯规我之过者是也；何者为小人？凡事必徇己之私者是也。

【评析】

古人称直言规谏的朋友为“诤友”，我们都渴望交到这样正直的益友。因为优秀的人会以他们光辉的人格影响我们，让我们见贤思齐，学习他们身上的长处。更重要的是，正直的朋友会常常指出我们的错误，不会为了讨好别人而扭曲事实，失去作为朋友的良心，他们会提醒、规谏我们，指出被我们自身所忽略的缺点和错误，促使我们完善自我。

“君子重义，小人重利”，与“诤友”相反，小人与人结交时，主要看重是否有利可图。为了利益，他们可以不顾道义。所以，当我们犯错时，如果小人可以从中得到好处，他们不但不会规谏我们改过，反而会怂恿我们犯下更大的错误。

一七八、待子孙不宜宽，行嫁娶不必厚

待人宜宽，惟待子孙不可宽；行礼宜厚[1]，惟行嫁娶不必厚。

【注释】

①厚：周到。

【评析】

平时对人大度为怀，既有利于化解矛盾，又有利于修养身心。但在对待自己的子孙时，却不能过于宽容。对待自己的后代要有严格的态度。如果过于宠爱，总是过度地保护他们，也就剥夺了孩子与社会接触的机会，无法让他们形成坚强而具有韧性的人格。只有严格要求，锻炼他们的能力，增长他们的知识，才能使孩子成为品行端正、知书达理的优秀人才。

在我们中国人的观念中，礼尚往来的思想根深蒂固，并且主张“行礼宜厚”，以表示对别人的尊重。其实，礼的真正意义不在于物品的多少，而是重在情义。在操办婚嫁这类事上，不应该太过于铺张，这样既体现出了勤俭的作风，又让年轻人从中明白这样的道理：勤俭是

治家的根本，奢侈浪费是家道败落的根源。

一七九、观已然可知未然，尽其力乃听其然

事但观其已然，便可知其未然[1]；人必尽其当然，乃可听其自然。

【注释】

①未然：未来会出现的情况。然，如此。

【评析】

事情的发展总会遵循一定的规律，因此，我们可以借助已有的经验，根据事物的发展趋势，对可能出现的结果做出推定。未来的结果明了了，就可以对将要发生的灾害做出预防。看清了因果的人，往往处理起问题来就显得得心应手；反之，只看眼前、不为长远打算的人，遇事往往会显得不知所措。

在对一件事无法掌控、无可奈何的时候，有些人常会说“听天由命”。但他们并不清楚，只有当自己尽了最大的努力之后，才有资格说出“听天由命”这句话。诚然，现实中有太多的因素不能由我们所决定，但如果连自己都不求上进的话，又凭借什么来取得成功呢？

一八〇、观规模可知高卑，察德泽可知门祚

观规模之大小，可以知事业之高卑；察德泽之浅深，可以知门祚[1]之久暂。

【注释】

①门祚：家运。

【评析】

从一件事的制度是否完善、格局是大是小，就可以看出这件事的发展情况。人也是如此。如果一个人的举止颇具气度，能够从宏观的角度思考问题，并且不计私利、眼光高远，他就可能创建宏大的事业；而如果一个人举止卑微，做事畏首畏尾，眼光低下的话，就很难有大的成就。

一个家族的兴旺或衰落，往往与这家人的人品心性、是否乐于行善助人有关。如果一个家族中的人正直善良，愿意给世人带来恩惠的话，必然会受到别人的尊重，家道一定会越来越兴旺。相反，如果家族中的人大多自私自利，在相互影响下，整个家族就会变得刻薄寡恩、奸诈卑鄙。没有人愿意接近和帮助这样的人家，再加上其家族内部争名夺利、矛盾丛生，时间久了，必然会家道败落。

一八一、君子尚义，小人趋利

义之中有利，而尚义[①]之君子，初非计及于利也；利之中有害，而趋利之小人，并不顾其为害也。

【注释】

①尚义：尊崇道义。

【评析】

人们经常把道义与利益分割、对立起来，其实，道义中也包含着利益。君子在做出义举之前，并没有想求得回报，但义举往往可以给人带来幸运的事。但是，幸运与报答是君子在行义之前没有预见到的，他不是为了得到好处才去行义举的，因此，那完全是意外的回报。这样的利益，行义的人应该接受，这既是对行义者的感恩，又是对后人做出义举的鼓励与引导。

利益与灾祸是一组对立统一的关系，利益中包含着灾祸的潜在因素。那些唯利是图的小人，眼中只有想要得到的好处，却没有意识到其中的隐患。只要他们能达到目的，就会做出损人利己、坑害别人的事来，殊不知，一时得意之后，终究逃不过身败名裂的可卑下场。

一八二、畅则无咎，亢则有悔

小心谨慎者，必善其后，畅则无咎也；高自位置者，难保其终，亢[①]则有悔也。

【注释】

①亢：极度，过分，这里指极尊之位。

【评析】

一个人如果处事小心谨慎，就能保持冷静，不会鲁莽轻率，也不会得意忘形。谨慎的人往往以理智处理问题，他们懂得如果在小事上处理不慎，早晚会酿成大祸的道理。因为“千里之堤，溃于蚁穴”，微小的隐患不易被发现，等到发现时却为时已晚。谨慎的人也不忽视细节，如果能持之以恒，从始到终不放过任何一处纰漏，就能做到善始善终。

身居高位的人，常常听到的都是一些恭顺奉迎的话，时间久了就会产生骄傲自大的情绪，难免会出现过失。因此，处在“高官得做，骏马得骑”的显贵之境时，也要恪守谦虚谨慎的态度，保持头脑清静，并常怀自知之明，这样才能远离败亡的深渊。

一八三、养生明道勤耕读，莫以衣食逞豪奢

耕所以养生，读所以明道，此耕读之本原[①]也，而后世乃假以谋富贵矣。衣取其蔽体，食取其充饥，此衣食之实用也，而时人乃藉以逞[②]豪奢矣。

【注释】

①本原：本意。②逞：炫耀。

【评析】

耕种除了获取生活所需，还可以用来强健身体、延年益寿，而读书则可以用来申明道理、增长智慧，这本是耕种和读书的本意。但到了后世，世人却多以耕种和读书来作为取得富贵的途径。耕种的人以田多为富，他们早出晚归，忙于农事；读书人则不一定明理，而是为了科举苦读，把学问和知识当作换取富贵的资本。

衣食是人们每天生活的必需品，衣服是为了遮蔽身体、防寒保暖之用，食物是用来解除饥饿的，这本来是衣食的本来价值。可是，后来的人却常通过衣食来炫耀自己的奢侈生活。在富贵的人家里生活，不懂得粮食衣物来之不易，就会从小染上奢靡的风气。更有夸富、斗富者，早已忘了衣食的本来作用。这样挥霍无度，不知收敛的行为，也必然会招来祸端。

一八四、如何为官，怎处富贵

人皆欲贵也，请问一官到手，怎样施行？人皆欲富也，且问万贯缠腰，如何布置[①]？

【注释】

①布置：运用。

【评析】

许多人发愤努力，无外乎是奔着富贵显达的目标而去。一个对于官位梦寐以求的人，当他如愿时，不妨问他，得到了官位，你要怎样施行政务？怎样行使你手中的权力？怎样体恤百姓？怎样惠民利民？对于那些梦想着家财万贯的人，一旦拥有了财富，不妨问他，如何用他的钱财，是多做善事，还是吝啬自私？道德高尚的人为官一任，造福一方，而品质卑劣的人则作威作福，鱼肉百姓；心怀仁爱的人拥有了财富，会选择救济贫困，解人之难，而低俗自私的人则只会奢靡浪费，显示炫耀。可见，一个人的道德水平决定了权力与富贵发挥着怎样的作用，只有内心端正，才能在富贵显达后，成为有益于社会的人。

一八五、莫唯学文离道，勿以取艺弃德

文[①]、行、忠、信，孔子立教之目[②]也，今惟教以文而已；志道[③]、据德[④]、依仁[⑤]、游艺[⑥]，孔门为学之序也，今但学其艺而已。

【注释】

①文：指《诗经》《尚书》《礼经》《乐经》等典籍。②立教之目：教导学生时所确立的科目。③志道：立志于道义。④据德：拥有高尚的情操。⑤依仁：做事不偏离仁心。⑥游艺：指儒家的礼、乐、射、御、书、数六种技艺，后泛指技艺方面的修养。

【评析】

文、行、忠、信是孔子为了教育学生而设立的科目，从科目的内容可以看出孔子教学的主要思想。其中，行、忠、信都是指针对人的品德。可是后人却只剩下传授、学习文学，却抛弃了培养人道德情操的重要部分。志道、据德、依仁、游艺是孔子的学生学习的顺序。在

这四项中，志道、据德、依仁都是针对人的品德教育，可后人抛弃了这三项，只注重六艺的学习。教育的根本是对人格的培养，一个人如果没有高尚的道德情操，只注重技艺的培养和知识的灌输，这其实是舍本逐末。

一八六、心常怀刑，一心务本

隐微[1]之衍[2]，即干[3]宪典[4]，所以君子怀刑也；技艺之末，无益身心，所以君子务本也。

【注释】

①隐微：隐蔽而细小。②衍：过失。③干：违犯。④宪典：法度。

【评析】

春秋时期的政治家管仲曾说："微邪，大邪之所生也。"唐代名臣房玄龄说："杜渐防萌，慎之在始。"重大的灾祸往往产生于极微小的隐患。因此，应时刻把法律与道德的规范谨记在心。正如《论语》中所说："君子怀德，小人怀土；君子怀刑，小人怀惠。"君子时刻不忘礼乐规范，才能行为端正。做人千万不可心存侥幸，做出违法乱纪、败坏道德的事情来。否则，当灾难降临时一定会追悔莫及。

《论语》中说："君子务本，本立而道生。"务本，即致力于根本。一个人想要有所成就，就要为自己的本业付出巨大的努力，而不要为那些无关事情白白浪费大量的精力。因为即使是天资再聪颖的人，他的时间与能量也毕竟有限，所以做事要分清主次，尽量让自己致力于重要的事业，这样才能早日取得一定的成就。

一八七、学恐无恒，贫恐无志

士既知学[1]，还恐学而无恒[2]；人不患贫，只要贫而有志。

【注释】

①知学：懂得学问的重要性。②无恒：没有恒心。

【评析】

想要学有所成，不但要有上进心，认识到读书的重要性，还要有坚持到底的毅力。毛泽东同志曾在自箴联中写道："贵有恒，何必三更起五更睡；最无益，只怕一日曝十日寒。"并以此来勉励自己在学习中要持之以恒、刻苦发愤。读书做学问最怕"三天打鱼，两天晒网"，使学业半途而废。

俗话说："人穷志短。"当人处在穷困中时，只能顾得上眼前的温饱，志向往往就变小了。因此，在贫困的境遇中依然能怀着成就一番事业的远大理想，并能吃苦耐劳、奋发图强，向着自己的目标奋进的人，就显得十分令人敬佩。

一八八、用功于内者心秀，饰美于外者心虚

用功于内者，必于外无所求；饰[①]美于外者，必其中无所有。

【评析】

一个在修身养性上下功夫的人，不会看重外部环境的好与坏，因为他们追求的是更重要的东西。也许有人会认为，外在的东西才与我们的生活紧密相关，精神世界的追求不切合实际。其实，内心的追求才接近人的本真，只有内心高洁的人，才有纯正而美好的人格。并且有了内在力量的支撑，才能更好地在世间生活。

那些刻意把外表修饰得十分华丽的人，往往内心比较空虚。精神世界十分空洞，又不肯勤奋学习，却十分想展示自己，只好从外表上进行过多的装饰。殊不知，鸟美在羽毛，人美在心灵，想要受到别人的敬重，应该从充实内心开始。

一八九、盛衰之机莫独断，性命之理求实用

盛衰之机[①]，虽关气运，而有心者必贵诸人谋；性命之理[②]，固极精微，而讲学者必求其实用。

【注释】

①机：关键。②性命之理：讲天命的学问。

【评析】

俗话说："谋事在人，成事在天。"一件事情的兴衰成败，与运气有很大关系。但即便是这样，人的主观作用也绝对不能忽视。做事

时一定要注重与其他人合作，运用自己和别人的智慧，并积极谋划，尽全力把事情做好，才会有成事的可能。

《易经》中说："形而上者谓之道，形而下者谓之器。"道与器就像人的灵魂与肉体，它们同等重要，彼此依存。探究天命与天理的哲学思想极为精细而微妙，属于形而上学。但是讲求这些学问的人们，应当注重理论的实用性，否则就容易走向曲高和寡与脱离实际。

一九〇、资性不足限人，境遇不足困人

鲁[①]如曾子[②]，于道独得其传，可知资性不足限人也；贫如颜子，其乐不因以改，可知境遇不足困人也。

【注释】

①鲁：愚拙。②曾子（前505—前435）：曾参，字子舆，春秋末期鲁国人，孔子的弟子，著名的思想家、教育家。

【评析】

孔子的学生曾参，并不是天资聪颖的人，但他勤学好问，发愤苦读，认真地思考和探究，所以深得孔子的真传，成为儒家思想的一位重要继承者，并将儒家思想发扬光大，被后世尊为"曾子"。可见，先天是聪慧还是愚笨，并不能决定人一生事业的成败。只有通过自身的努力，才能创建不朽的功绩。

其实，人是否能够保持心态平和、宁静快乐，与身处富贵和贫贱没有直接的关系。孔子的弟子颜回，年轻而有德行，一箪食，一瓢饮，身居陋巷却不改其乐，成为安贫乐道的典范。他之所以有这样的境界，是因为他的快乐来自内心，而不依附于外物。这种快乐只有向内心求得，并不断提高自身修养的人，才能感受得到。

一九一、敦厚之人可托大事，谨慎之人能成大功

敦厚之人，始可托大事，故安刘氏[①]者，必绛侯[②]也；谨慎之人，方能成大功，故兴汉室者，必武侯[③]也。

【注释】

①刘氏：指汉高祖刘邦所创立的西汉政权。②绛侯：周勃（？—前169），西汉沛县人，辅佐高祖平定天下，被封为绛侯。③武侯：诸葛亮（181—234），字孔明，帮助刘备建立了蜀汉政权。

【评析】

为人忠厚诚恳的人，才能肩负起重任。西汉初年的开国元勋周勃，因为为人忠厚、老成练达，才得到汉高祖刘邦的信任和重用。刘邦去世后，他又站出来稳定政治局面，力保汉文帝继位，对巩固政权起到了重要作用。

做事沉着冷静、谨慎勤勉的人，能以清晰的思路、理性的思考应对困难。三国时期的诸葛亮，深思熟虑，运筹帷幄，为刘备建立蜀汉政权做出了重要贡献。可见，思维缜密的人是可以成就大事业的人才。

一九二、其祸已成不能救止，其罪难宥不能保全

以汉高祖之英明，知吕后必杀戚姬[1]，而不能救止，盖其祸已成也；以陶朱公[2]之智计，知长男必杀仲子[3]，而不能保全，殆其罪难宥[4]乎？

【注释】

①戚姬：戚夫人，汉高祖宠姬，在刘邦死后被吕后折磨致死。②陶朱公：范蠡，他辅佐越王勾践攻破吴国后，隐退至定陶，自称陶朱公，后来经商，富甲一方。③知长男必杀仲子：范蠡的二儿子因为杀人被楚国拘捕，他派三儿子带上一千镒黄金去营救，可大儿子认为自己是家中长子，执意要去。大儿子到了楚国后，因为舍不得花费大量的黄金去打通关系，结果营救失败，致使弟弟被杀。在全家人悲痛之际，范蠡说，他早就料到了这样的结果，因为大儿子小的时候，他们家尚未显达，大儿子是从小跟着父亲吃苦长大的，把钱财看得很重，而二儿子是在富贵中长大的，不知道钱财来之不易，所以挥金如土。如果三儿子去营救则会成功，而大儿子去则会因惜财而失败。④宥：饶恕。

【评析】

祸患的产生，常因为在小事上没有谨慎对待，等到态势明朗时，

局面早已不可控制。像汉高祖那么深谋远虑的帝王，很清楚在他死后，吕后一定会残害他最宠爱的戚夫人，却无法挽救和阻止。此前，刘邦宠爱戚夫人，威胁到吕后的地位，深为吕后所嫉妒，等刘邦察觉吕后的嫉恨之心时，吕后手中早已握有重权，刘邦再想庇护戚夫人却为时已晚。后来戚夫人被吕后害死，可见，这个祸事是已经注定了的。如果刘邦当初能处理好后宫矛盾，也不至于有这样悲惨的事情发生。

欧阳修曾说："患到而后图，智者有不能。"意思是等到灾祸降临再去想办法应对，就算是才智过人也常常无计可施。春秋时的范蠡多谋善断，可当自己的次子犯了杀人罪后，却没办法成功解救他。从表面上看，这件事只是因为去解救弟弟的大儿子舍不得拿出赎金，从而导致次子被杀，但是如果范蠡从次子小时就教育他遵守法度、安分守己，也许就不会出现次子杀人的事件。这就告诉我们，与其善于处理危机，不如做事严谨，防患于未然。

一九三、处世以忠厚，传家得勤俭

处世以忠厚人为法，传家得勤俭意便佳。

【评析】

《孟子》有云："爱人者，人恒爱之；敬人者，人恒敬之。"一个以诚信为本、以忠厚为行为准则的人，必然会宽待他人，不欺骗人，也不会做损人利己之事，并且常怀向善之心，这样的人必然会得到别人的敬重与爱戴。

南宋爱国诗人陆游说："天下之事，常成于勤俭而败于奢靡。"勤俭，是治家之本。奢靡之风一旦形成，再大的家业也会被败光。所以，要想让家族保持兴盛不衰，应当在家族中树立勤俭的优良作风，像传家宝一样世代传承下去。

一九四、紫阳穷尽事物之理，阳明教人反观本心

紫阳补《大学·格致》之章，恐人误入虚无，而必使之即物穷理，所以维正教①也；阳明②取孟子良知之说，恐人徒事记诵，而必使之反已省心，所以救末流③也。

【注释】

①维正教：维护正统的学说。②阳明：王守仁（1472—1528），字伯安，号阳明，浙江余姚人，明代著名的思想家、文学家、哲学家和军事家，心学的集大成者。③末流：本指河水下游，后指已经衰落并失去原有精神实质的艺术、文艺等流派。

【评析】

学习一门学问时，要善于抓住它的本质，吸取它的精华之处。不能只学到表面的皮毛，就生搬硬套或断章取义。宋代理学家朱熹注《大学》时，特别对讲格物致知一章做了补充说明，怕的是学习的人误解而走入虚无之道，所以，他教导人们多穷尽事物之理，是为了维护儒家学派的正统学说。

明代思想家王阳明主张以心为本体，提出了知行合一的理论，主张“格物致知，自求于心”。他教导学生要学会反观自己的本心，对学问和理论不可以死记硬背、不知变通。王阳明的思想之所以对后世影响深远，受到世人推崇，与他启发人们吸取学问的精华、发挥学说和理论的积极作用密不可分。

一九五、立志为善良，反身为醇谨

人称我善良，则喜；称我凶恶，则怒。此可见凶恶非美名也，即当立志为善良。我见人醇谨，则爱，见人浮躁，则恶。此可见浮躁非佳士也，何不反身为醇谨？

【评析】

每个人心中都有一杆衡量一个人品德高尚与否的秤，而这杆秤的秤砣其实就掌握在自己手中。如果这个人的一举一动符合敦厚的礼仪，人们自然会把他归于品行高尚的行列，好名声也就自然而然追随而至。相反，如果这个人的言行卑劣且低下，人们自然会对其产生厌恶与鄙恨之情，坏的名声也会尾随而来。

孔子在《论语》中有云：“先行其言而后从之，君子耻其言而过其行。”即是说，夸夸其谈是君子之耻，道德真正高尚之人会在实际行动中证明自己。如此看来，修身立德，做敦厚谨慎之士，是古代君子基本的立身准则。

一九六、处事宽平，持身严厉

处事宜宽平，而不可有松散之弊；持身贵严厉，而不可有激切之形[1]。

【注释】

①激切之形：激烈的状态。

【评析】

古有“欲速则不达”的谚语，是说处理事情不能操之过急，否则会达到相反的效果。因为要完成一件事情，需要很多环节的配合与协调，只要有一个环节出现纰漏，就会影响整件事的进度。因而，做事时要做到有条有理、不疾不徐，保有宽平的态度。但是，又不能太过松散、拖沓，否则，也不能很好地完成一件事。

立身的道理也是如此。严于律己不放纵，但同时也不能苛责自己，而要有计划、有步骤，循序渐进地来完善自己。

一九七、天地厚人，人莫自薄

天有风雨，人以宫室蔽之；地有山川，人以舟车通之。是人能补天地之阙[1]也，而可无为乎？人有性理，天以五常[2]赋之；人有形质，地以六谷[3]养之。是天地且厚人之生也，而可自薄乎？

【注释】

①阙：通“缺”，缺失。②五常：仁、义、礼、智、信。③六谷：黍、稷、菽、麦、稻、粱。

【评析】

古人持有天人合一的观念。自然界的风雨、山川，人类无法改变，但人类却可以利用自己的智慧去适应，甚至是改造它。建造房屋宫室，可以躲避自然界的凄风苦雨；修造车船便利交通，可以穿过山川河流。实际上，人类发挥主观能动性，改善自己的生存环境，也弥补了天地造物的缺憾。

除却自然界固有的灾害，天地对人也不薄，它赋予人们“仁、义、礼、智、信”之美德，并以五谷杂粮养育人们外在的形体。因而，人们要有所作为，不可自轻于世，这样才不会留下遗憾。

一九八、感诸事之道，悟求己之理

人之生也直，人苟欲生，必全其直；贫者士之常，士不安贫，乃反其常。进食需箸[①]，而箸亦只悉随其操纵所使，于此可悟用人之方；作书[②]需笔，而笔不能必其字画之工，于此可悟求己之理。

【注释】

①箸：筷子。②作书：写字。

【评析】

处世之根本是修身养性，做人之根基是品行端正。一个人只有明辨是非，以高尚的道德约束自己，才能走上正途，对社会做出有益之事。读书人极重气节，他们往往安贫乐道，不求非分之财，不做违背良心之事。李白“安能摧眉折腰事权贵，使我不得开心颜”如是，“粉身碎骨浑不怕，要留清白在人间”亦如是。

用筷子挑选饭菜，如同如何挑选人才。好的用人者如伯乐，能根据人的长处与不足，发现独特的人才。成就自身固然需要外界有利环境的配合，但根本之处在于个人。最终有所成就，无一不是辛勤努力的结果。

一九九、遗德子孙，民生在勤

家之富厚者，积田产以遗子孙，子孙未必能保，不如广积阴功，使天眷[①]其德，或可少延；家之贫穷者，谋奔走以给衣食，衣食未必能充，何若自谋本业，知民生在勤，定当有济[②]。

【注释】

①眷：眷顾。②济：帮助。

【评析】

财力有限，但品德无限。将无数金银财宝留给子孙，子孙如若不肖，就会坐吃山空。与其这样，倒不如自己在有限的生命里，为他们多积阴德，如此，子孙便能在耳濡目染中具有敦厚之心，福分也因此得以长久。

家境贫寒不足惧，可怕的是贫穷之人到处流浪，而不想着如何立足于自己的本业。如果这个人在一处扎下根来，兢兢业业、恪守职责，最终一定能改善自己窘迫的生活，甚至成就一番事业。

二〇〇、不尽信人言，莫匆忙行事

言不可尽信，必揆[①]诸理；事未可遽[②]行，必问诸心。

【注释】

①揆：判断，揣度。②遽：急忙。

【评析】

真实的语言才具有价值，值得人们采纳。而谣言则一文不值，入耳之后必须置之不理，否则就会带来灾祸。判断一个人所说的话，是真实的语言还是谣言，除了需要自己的理性来判断，也应该听听周围人的意见，并将这些意见汇总、比较、分析，从而得出正确的结论。

凡事在做之前，都应当加以斟酌，想想做的动机，考虑做的后果，看看是否违背道义，切忌冒失行事。只有这样，才不会贸然做出不该做的事情，从而使自己的良心不安。三思而行之后，再决定要做的事情，才能妥当地将事情做好。

二〇一、兄弟相师友，闺门若朝廷

兄弟相师友，天伦之乐莫大焉；闺门[①]若朝廷，家法之严可知也。

【注释】

①闺门：内室之门，也指家门。

【评析】

古有“三纲五常”之说，孔颖达疏云：“五常即五典，谓父义、母慈、兄友、弟恭、子孝。”人间种种情义，以兄弟之情最为珍贵。兄长友爱、弟弟恭敬，家庭便会和睦，家人便可享受天伦之乐。如若在此基础上，兄长以人生经验为本，作为弟弟的老师；弟弟则处处遵从兄长的教导，两人便成为稳固的师友，从而互相帮助、取长补短。

“国有国法，家有家规。”家风严谨，不骄纵、不溺爱子女，子女便可在严格的教导下，形成良好的习惯，并在潜移默化之下，养成高尚的品德。《后汉书·邓禹传》云："修整闺门，教养子孙，皆可以为后世法。"意思是，家风关乎国风。所以，世人应整治门风，使家庭关系健康和睦，国家也会得到相应的发展和繁荣。

二〇二、友以成德，学以愈愚

友以成德[①]也，人而无友，则孤陋寡闻，德不能成矣；学以愈[②]愚也，人而不学，则昏昧无知，愚不能愈矣。

【注释】

①成德：成就德业。②愈：医治。

【评析】

朋友是黑夜里的一座灯塔，指引着我们前行的方向。好友贵在相知，能听懂我们的心声，抚慰我们寂寞的心灵。真正的朋友，可与我们共享欢乐，也能与我们共患难；能在我们进步的时候，与我们举杯庆祝，也能在我们失意的时候，给予我们真诚的鼓励；能与我们促膝长谈，也能禁得起距离的考验。朋友其实是我们的另一面，让我们的眼界更宽更广，并逐渐趋于完美。

人之所以要不断学习，是为了开启心智，明事理、辨是非，从而避免愚昧无知。无知难免生出许多危害，愚昧难免阻碍一个人的进步。因而，为了不使自己成为坐井观天的青蛙，就要靠学习来弥补自身的不足，增长自己的见闻。

二〇三、遵纪守法，清廉自律

明犯国法，罪累岂能幸逃[①]？白得人财，赔偿还要加倍。

【注释】

①幸逃：侥幸脱逃。

【评析】

心存侥幸之人，能躲过一时，却不能逃过一世。因而，为了一己之私而触犯法律，做出违背道德良心之事的人，以为神不知鬼不觉，实则是人在做，天在看，即便他暂时成为落网之鱼，其罪行最终也会昭然若揭，受到法律的惩罚。到那时，正义得到伸张，他也就身败名裂，后悔也来不及了。

舍得，舍得，有舍才有得。如若只讲所获，处处算计他人的利益，占尽便宜，而不愿付出一点血汗，难免会落得一无所有的下场。古人有云："君子爱财，取之有道。"以合法的途径获得财富，才能容于自己的良心，并且容于情理，也容于法律。

二〇四、浪子回头可成君子，贵人失足贻笑于人

浪子回头[①]，仍不惭为君子；贵人失足[②]，便贻笑于庸人。

【注释】

①浪子回头：游手好闲的人改过自新。②失足：举止有失庄重。

【评析】

《左传·宣公二年》有云："人谁无过，过而能改，善莫大焉。"意即人难免会犯错，知错能改，最好不过。痛改前非之人，若有一颗积极向上的心，即便以往满身恶习，只要懂得悔悟，即是一种进步，应该得到宽容与原谅。

身份高贵之人，向来是人们的表率，如若他举止不端，做出有损于道德的事情，便会带来极其恶劣的影响，不仅使自身被普通民众耻笑，也会使社会风气变坏。正如唐代吴兢在《贞观政要·公平》中所云："君子小过，盖金玉微瑕。"因此，犯错的人，要懂得改正。身份高贵之人，懂得谨慎处事，就会起到良好的带头作用。

二〇五、饮食有节，男女有别

饮食男女，人之大欲存焉，然人欲既胜，天理[①]或亡，故有道之士，必使饮食有节[②]，男女有别。

【注释】

①天理：天道。②有节：有节制。

【评析】

饮食之欲望，可维持人类的生命；男女之情欲，可延续人类的种

族。这两种欲望，本是人类的正常需求，但如果任其过度膨胀，使人类恣意沉湎于食欲与情欲之中，就会不可避免地造成道德沦丧、天理不彰的恶劣后果，人类也就无异于畜类。

为了避免这一后果的出现，人们应当做到饮食有节制，男女有分别。在饮食上，无须吃山珍海味，也不要暴饮暴食，只要能维持健康的生命便可。在男女上，则应以婚姻为法度，不做男娼女盗之事。只有这样，才能修养身心，获得良好的品德。

二〇六、耐贫贱易，耐富贵难

东坡[①]《志林》有云："人生耐贫贱易，耐富贵难；安勤苦易，安闲散难；忍疼易，忍痒难。能耐富贵、安闲散、忍痒者，必有道之士也。"余谓如此精爽之论，足以发人深省，正可于朋友聚会时述之，以助清谈。

【注释】

①东坡：苏轼（1037—1101），字子瞻，号东坡居士，四川眉州人，北宋著名文学家。

【评析】

在逆境与痛苦之中，人的潜能与斗志通常都会被激发出来。而在顺境之中，人便会丧失原有的忍耐与警惕，容易不思进取、懈怠懒惰、安于现状，甚至是自甘堕落。清代王豫在《蕉窗日记》中有语："成德每在困穷，败身多因得志。"人在穷困时，总是思考如何突出重围，以坚强的意志与极大的忍耐力登上顶峰。而置身富贵之境时，人们便得过且过、玩物丧志。因此，要想做成一番大事，须得在身处逆境之时，禁得住困苦的磨炼；在身处顺境之时，保持警惕之心。

二〇七、淡如秋水贫中味，和若春风静后功

余最爱《草庐日录》有句云："淡如秋水贫中味，和若春风静后功。"读之觉矜平躁释[①]，意味深长。

【注释】

①矜平躁释：傲气得以平息，浮躁之气得以消释。

【评析】

万物凋零之秋，正如置身贫困之中的人。秋日看似萧瑟，却是最静谧的时节，平缓流淌的秋水，仿佛永远没有流尽之日。贫困之人，看似潦倒不堪，实则如这秋水一样，具有宁静的气质，淡泊名利、安贫乐道。他们不会因外物的诱惑而汲汲追求富贵，也不会因随波逐流而迷失自我。

万物苏醒之春，春风吹拂而过，立于田野之人往往心灵澄净而平和。春风从无偏袒之心，会唤醒微茫之野草，也会唤醒参天之大树。有修养的人也是这样，他们谦逊守礼，从不居功自傲、盛气凌人；也不低三下四，为富贵而折腰。凡事以平和之心处理，不心浮气躁、鲁莽行事，这才是一个人立身于世的关键所在。

二〇八、正义者胜，贪婪者败

敌加于己，不得已而应之，谓之应兵，兵应者胜；利人土地[①]，谓之贪兵，兵贪者败，此魏相[②]论兵语也。然岂独用兵为然哉？凡人事之成败，皆当作如是观。

【注释】

①利人土地：贪求别国的土地。②魏相（？—前 59）：字若翁，汉宣帝时为丞相，深受皇帝器重，被封为高平侯。

【评析】

敌人兵临城下，我军为守城池，只得拿起兵器应战，此谓“应兵”。因不得已，只能顺应时势，自然而然能取得胜利。然而，贪婪之人肆意攻占他人的疆域，为了一己私利而发动使无数百姓家破人亡的战争，必然失道寡助，只能兵败而归。

应兵者大多怀有仁爱之人，他们崇尚和平，拿起武器是为了保护和平，也是为了结束战争，这样就会得到众多百姓的支持，因而能凯旋，吹响胜利的号角。但是，贪兵者恰好相反，由于贪兵者欲望得不到有效遏制，所以一再攻打他国，一开始便站在了罪恶的一方，自然很难举起胜利的大旗。

二〇九、莫做险奇之事，只求平淡无奇

凡人世险奇之事，决不可为，或为之而幸获其利，特偶然耳，不可视为常然①也。可以为常者，必其平淡无奇，如耕田读书之类是也。

【注释】

①常然：常态。

【评析】

常言道："平淡无奇方是真。"人生即是一段段平淡之事的组合，虽有无聊之嫌，但这样才是最真切的。那些奇之又奇的事情，虽可带来短暂的绚烂，但终会如美丽的梦境一样，归于破灭。

奇之又奇之事，没有前例可遵循，也没有经验教训作为参考，因而很难取得成功。即便最终从中获得了利益，也只是偶然，并且难以长久，更不可能成为一生的事业来做。如若一味涉险猎奇，很容易误入歧途，造成难以预测的后果。而读书和耕田这两件事，看似毫无新意，但只要勤奋不懈，兢兢业业地去做，最终会取得意想不到的成就。

二一〇、忧先于事故能无忧，事至而忧无救于事

忧先于事故能无忧，事至而忧无救于事，此唐史李绛①语也。其警人之意深矣，可书以揭诸座右②。

【注释】

①李绛（764—830）：字深之，唐代元和年间拜相，为官敢于直谏。

②揭诸座右：即座右铭，题在座右，作为激励自己的格言。

【评析】

一个人若懂得未雨绸缪，遇到事情时便会临危不惧，省去诸多不必要的麻烦。如若事到临头才手忙脚乱去策划，难免会出现种种纰漏，甚至导致局面不可控制。北齐刘昼在《刘子·利害》中有云："思难而难不至，忘患而患反生。"避免为难最好的方法，就是预先准备，

将所有出现祸患的可能性都尽早消除。如果不思忧患，坐等事情顺利完成，忧患必然前来拜访。

国防也是如此。一个强大的国家，平日里必然要操持练兵，如此即便敌兵突然而至，也能沉着应对，击退敌人。但平时若荒淫无度、不思进取，等到兵临城下之时，定然溃不成军。

二一一、贤愚难互掩，人贵当自立

尧、舜大圣，而生朱、均[①]；瞽[②]、鲧[③]至愚，而生舜、禹；揆以余庆余殃之理，似觉难凭。然尧、舜之圣，初未尝因朱、均而灭；瞽、鲧之愚，亦不能因舜、禹而掩，所以人贵自立也。

【注释】

①朱、均：尧的儿子丹朱，舜的儿子商均，两人均不肖。②瞽：舜的父亲，曾与舜的后母及舜的弟弟共同谋害舜。③鲧：禹的父亲，治理洪水没有成功。

【评析】

人生在世，贵在自立自强。祖上无德，只要自己奋斗不止、努力奋进，也能成为圣贤之人。舜和禹便是其中的经典之例，舜之父瞽叟品行恶劣，曾与后妻及舜的弟弟联合起来谋害舜；禹之父鲧愚昧，不能有效治理水患。但舜和禹却奋发图强，成为后人心目中的贤人。

祖上有德，但自己安于现状、沉沦堕落，也会为人所不齿。丹朱和商均是其中的经典之例。丹朱之父尧，是古代之圣贤，为后人所敬仰，但他却不思进取、自甘沦落；商均之父舜，名声显赫，以德高爱民著称，但他却无所作为。

二一二、静者心不妄动，敬者心常惺惺

程子[①]教人以静，朱子[②]教人以敬，静者心不妄动之谓也，敬者心常惺惺[③]之谓也。又况静能延寿，敬则日强，为学之功在是，养生之道亦在是，静敬之益人大矣哉！学者可不务乎？

【注释】

①程子：北宋哲学家、教育家程颢（1032—1085）和他的弟弟程颐

（1033—1107），世称“二程”，是北宋理学的奠基者，其学说在理学发展史上具有重要地位，后来为朱熹所继承和发展，世称“程朱学派”。②朱子（1130—1200）：朱熹。③惺惺：醒觉。

【评析】

修养身心贵在做到心静和持敬。所谓心静，是指任凭外界喧哗繁闹，自己的心仍静如止水，不为外界所迷惑，更不会随波逐流。所谓持敬，是指对万物存敬重之心，使自己时刻保持清醒而不混沌。如此看来，静是一种不动的功夫，而敬则是一种持养的功夫。

能做到心静的人，心思始终如一，精神安宁，不生烦恼。能做到持敬的人，不死寂，亦不昏沉，时常能保持清醒之头脑，自如地应对万事。能做到这两者的人，定能涵养精神、养生延年。

二一三、循分守常，无往不利

卜筮[①]以龟筮为重，故必龟从筮从乃可言吉。若二者有一不从，或二者俱不从，则宜其有凶无吉矣。乃《洪范》稽疑之篇[②]，则于龟从筮逆者，仍曰作内吉。于龟筮共违于人者，仍曰用静吉。是知吉凶在人，圣人之垂戒深矣。人诚能作内而不作外，用静而不用作，循分守常，斯亦安往而不吉哉！

【注释】

①卜筮：指占卜，用龟甲占卦叫卜，以蓍草占卦叫筮。②《洪范》稽疑之篇：指《尚书》中的《洪范》篇。

【评析】

人们无法预料一件事的凶吉福祸，但却可以凭借主观能动性使其向相反的方向转化。对于那些有悖于常理与道德的事情，人们不去做，遵循本分，便会免于凶祸。如果明知不该做还走极端，不肯听从别人的意见，一件好事也会产生严重的后果。

凡事都不是绝对的，即没有绝对吉利的事情，也没有绝对凶恶的事情。占卜的结果，只能起一定的警醒作用，并非具有决定性作用。做一件事时，掌握动静的时机，听从趋吉避凶的道理，保持清醒的头脑，便能做到无往而不利，从而取得最好的效果。

二一四、盈虚消长，自然之理

每见勤苦之人绝无痨疾，显达之士多出寒门，此亦盈虚消长①之机，自然之理也。

【注释】

①盈虚消长：满则亏，消则长。

【评析】

月盈则亏，水满则溢，这是自然界不变的规律。人事何尝不是如此？很少见奋发之人染上痨病，而养尊处优之人则时常疾病缠身；显达之士多出于寒门，纨绔子弟多生出富门。如此而言，万事万物皆处于此消彼长的状态之中。

既然否极能泰来，物极则必反，那么置身困苦之处境的人，也就不必哀叹，只要奋发图强、心怀大志，必定能成就一番事业，登上人生的顶峰。而出身富贵之家的人，也不必沾沾自喜，如果终日懒散、无所事事，自然也会招致祸患，走上灭亡之路。所以，能够居安思危，并且处逆境而不气馁者，方能做人上之人。

二一五、欲利己者终害己，肯屈尊者能上人

欲利己，便是害己；肯下人①，终能上人②。

【注释】

①下人：屈居人下。②上人：出人头地。

【评析】

做一件事的初衷，只是想从中谋取利益，那一定会深受其害。以自我为中心，就会变得自私自利，从而无视他人的感受，甚至会为一己私利，而损害他人的利益。这样一来，必然会招致他人的不满与挤兑。最终，不但不能很好地完成这件事，而且会有损于和谐的人际关系，同时自己也会一无所获。

有谚语说道：“吃得苦中苦，方为人上人。”为人处世时，如若肯居于人下，谦逊做事，低调而不张扬，并且善于学习，自然能如上阶梯那样，步步攀升、渐趋高峰，最终必然居于人之上。

二一六、大孝唯虞舜，英才独周公

古之克孝[①]者多矣，独称虞舜为大孝，盖能为其难也；古之有才者众矣，独称周公为美才[②]，盖能本于德也。

【注释】

①克孝：谨守孝道。②美才：英才。

【评析】

世间孝者甚多，但至孝者甚少。舜即是至孝的典型例子。其父在妻子去世后，续弦生象。由于过分宠爱后妻与象，其父起了要联合诸人谋害舜的想法。舜几次死里逃生，明知父亲有意置自己于死地，非但没有怨恨之心，反而仍旧恪守孝道，做常人所不能做之事，忍常人所不能忍之事。因而，舜被世人称为大孝之人。

世间怀才者甚多，但身怀超世之才，且能名垂千古者极少。周公便是怀有俊美之才而称誉后世的典型例子。常人稍有才华，便沾沾自喜，而周公毫无高傲之色。非但如此，他还注重修身立德，不会因一己之私而忘义。因而，周公被称赞为超世之才而名垂千古。

二一七、敢于担当，勇于放手

不能缩头[①]者，且休缩头；可以放手者，便须放手。

【注释】

①缩头：逃避。

【评析】

善于审时度势，有所为，有所不为，是一个人立身于世的关键。判断一件事能不能做的标准，在于是否有利于民众，是否合情合理。如果一件事于情于理都应当做，那么就要勇敢承担责任与道义，不退缩、不逃避去做好它；如果一件事只对自己有利，却损害了他人的利益，那么诱惑再大，也要懂得放手不做。

由做事延伸到用人之上，即是说一旦重用某人，便要做到不猜忌、不怀疑，使其最大限度地发挥自己的才能。延伸到为人处世之上，即是说要以谦恭的态度对待每一个人，同时要做到严于律己，宽以待人。

二一八、木讷近仁，巧令鲜仁

居易[①]俟命，见危授命，言命者总不外顺受其正；木讷近仁，巧令鲜仁[②]，求仁者即可知从入之方。

【注释】

①易：平常。②巧令鲜仁：以动听的言辞和谄媚的态度取悦于人，这样就不是“仁”了。鲜，少。

【评析】

有价值的生命，应重于泰山。君子能分清利弊，平日里要十分爱惜自己的生命，不做无谓的牺牲。然而，一旦国家有了危难，他们便会接受任命，冲锋陷阵，甚至勇于献上自己的生命。关心民众疾苦，心系国家安危之人，定然具有崇高的思想境界。

仁义者从不巧言令色，他们的言辞朴素而迟钝，却值得信赖。而那些善于用花言巧语取悦于他人的人，多半是趋炎附势之人，会为一己私利而损害民众的利益。因而，若想心怀仁德，必先以诚待人，言辞真实恳切，才能获得他人的信任。

二一九、小利误功，私不利众

见小利，不能立大功；存私心，不能谋公事。

【评析】

利有小利和大利之分。目光短浅之人只看得到眼前的小利，汲汲于当下的零星好处，时常舍本逐末，最终一无所得；而胸怀天下、眼界深远广阔之人，从不计较一城一池的得失，而是放长线钓大鱼，最终终能成就一番大事业。

毫无私心之人，总是“先天下之忧而忧，后天下之乐而乐”，为国家和民众谋福祉；而为一己私利斤斤计较之人，则总是贪赃枉法，损害民众的利益。公与私不可兼得，道德高尚之人，懂得孰轻孰重，固而选择全心全意服务于国家与民众。

二二〇、正己自律，勿忘根本

正己为率人之本，守成念创业之艰。

【评析】

古人有云："正己为率人之本。"想要成为他人的表率，首先要端正自己的行为与品德。即言必信，行必果，立得端，行得正。只有这样，自己的所作所为才能为他人所效法。正如刘义庆在《世说新语》所说："言为士则，行为世范。"

江山易打不易守。因为攻打时，是以百倍的精神去做；而坚守时，难免因所取得的成就而沾沾自喜。如果得到日思夜想之物，却不知道珍惜，不懂得居安思危，甚至挥霍无度、沉沦堕落，那么，他毫无疑问会逐渐失去所得。

二二一、努力多行善，奋发谋恒业

在世无过[①]百年，总要作好人、存好心，留个后代榜样；谋生各有恒业[②]，那[③]得管闲事，说闲话，荒我正经工夫。

【注释】

①无过：只不过。②恒业：长久的事业。③那：哪儿。

【评析】

人生苦短，不过百年。在这有限的生命中，如若心怀善念，多做善事，为人谦卑恭敬，便会得到他人的尊重与赞赏，赢得千古流传的名声。而且不仅自己一生无愧，也给后代子孙起了示范作用；如若做尽违背良知之事，不仅会让自己遭人唾弃，后代子孙也会脸上无光。

时间转瞬即逝，禁不起浪费蹉跎，因而要专注于自己的正业，循序渐进，逐步走向无憾的终点。如若将流光抛掷在闲事上，等到暮年时，才发现一事无成，必然会满心懊恼。正如南北朝颜之推在《颜氏家训》中云："天下事以难而废者十之一，以惰而废者十之九。"因此，只有刻苦勤奋，不荒废光阴，才能做成大事。

幽梦影

清·张潮

一

读经宜冬，其神专也；读史宜夏，其时久也；读诸子宜秋，其致别也；读诸集宜春，其机畅也。

二

经传宜独坐读，史鉴宜与友共读。

三

无善无恶是圣人，善多恶少是贤者，善少恶多是庸人，有恶无善是小人，有善无恶是仙佛。

四

天下有一人知己，可以不恨。不独人也，物亦有之。如菊以渊明为知己，梅以和靖为知己，竹以子猷为知己，莲以濂溪为知己，桃以避秦人为知己，杏以董奉为知己，石以米颠为知己，荔枝以太真为知己，茶以卢仝、陆羽为知己，香草以灵均为知己，莼鲈以季鹰为知己，蕉以怀素为知己，瓜以邵平为知己，鸡以处宗为知己，鹅以右军为知己，鼓以祢衡为知己，琵琶以明妃为知己。一与之订，千秋不移。若松之于秦始，鹤之于卫懿，正可谓不可与作缘者也。

五

为月忧云，为书忧蠹，为花忧风雨，为才子佳人忧命薄，真是菩萨心肠。

六

花不可以无蝶，山不可以无泉，石不可以无苔，水不可以无藻，乔木不可以无藤萝，人不可以无癖。

七

春听鸟声，夏听蝉声，秋听虫声，冬听雪声；白昼听棋声，月下听箫声，山中听松声，水际听欸乃声，方不虚生此耳。若恶少斥辱，悍妻诟谇，真不若耳聋也。

八

上元须酌豪友，端午须酌丽友，七夕须酌韵友，中秋须酌谈友，重九须酌逸友。

九

鳞虫中金鱼，羽虫中紫燕，可云物类神仙，正如东方曼倩避世金马门，人不得而害之。

一〇

入世须学东方曼倩，出世须学佛印了元。

一一

赏花宜对佳人，醉月宜对韵人，映雪宜对高人。

一二

对渊博友，如读异书；对风雅友，如读名人诗文；对谨饬友，如读圣贤经传；对滑稽友，如阅传奇小说。

一三

楷书须如文人，草书须如名将。行书介乎二者之间，如羊叔子缓带轻裘，正是佳处。

一四

人须求可入诗，物须求可入画。

一五

少年人须有老成之识见，老成人须有少年之襟怀。

一六

春者天之本怀，秋者天之别调。

一七

昔人云：“若无花月美人，不愿生此世界。”予益一语云：“若无翰墨棋酒，不必定作人身。”

一八

愿在木而为樗，愿在草而为蓍，愿在鸟而为鸥，愿在兽而为廌，愿在虫而为蝶，愿在鱼而为鲲。

一九

黄九烟先生云：“古今人必有其偶双，千古而无偶者，其惟盘古乎！”予谓盘古亦未尝无偶，但我辈不及见耳。其人为谁？即此劫尽时最后一人是也。

二〇

古人以冬为三余，予谓当以夏为三余：晨起者夜之余，夜坐者昼之余，午睡者应酬人事之余。古人诗云“我爱夏日长。”洵不诬也。

二一

庄周梦为蝴蝶，庄周之幸也；蝴蝶梦为庄周，蝴蝶之不幸也。

二二

艺花可以邀蝶，累石可以邀云，栽松可以邀风，贮水可以邀萍，筑台可以邀月，种蕉可以邀雨，植柳可以邀蝉。

二三

景有言之极幽而实萧索者，烟雨也；境有言之极雅而实难堪者，贫病也；声有言之极韵而实粗鄙者，卖花声也。

二四

才子而富贵，定从福慧双修得来。

二五

新月恨其易沉，缺月恨其迟上。

二六

躬耕吾所不能，学灌园而已矣，樵薪吾所不能，学薙草而已矣。

二七

一恨书囊易蛀，二恨夏夜有蚊，三恨月台易漏，四恨菊叶多焦，五恨松多大蚁，六恨竹多落叶，七恨桂荷易谢，八恨薜萝藏虺，九恨架花生刺，十恨河豚多毒。

二八

楼上看山，城头看雪，灯前看月，舟中看霞，月下看美人，另是一番情境。

二九

山之光，水之声，月之色，花之香，文人之韵致，美人之姿态，皆无可名状，无可执著，真足以摄召魂梦，颠倒情思！

三〇

假使梦能自主，虽千里无难命驾，可不羡长房之缩地；死者可以晤对，可不需少君之招魂；五岳可以卧游，可不俟婚嫁之尽毕。

三一

昭君以和亲而显，刘蕡以下第而传，可谓之不幸，不可谓之缺陷。

三二

以爱花之心爱美人，则领略自饶别趣；以爱美人之心爱花，则护惜倍有深情。

三三

美人之胜于花者，解语也；花之胜于美人者，生香也。二者不可得兼，舍生香而取解语者也。

三四

窗内人于窗纸上作字，吾于窗外观之，极佳。

三五

少年读书，如隙中窥月；中年读书，如庭中望月；老年读书，如台上玩月。皆以阅历之浅深，为所得之浅深耳。

三六

吾欲致书雨师：春雨宜始于上元节后，至清明十日前之内及谷雨节中；夏雨宜于每月上弦之前及下弦之后；秋雨宜于孟秋、季秋之上下二旬；至若三冬，正可不必雨也。

三七

为浊富，不若为清贫；以忧生，不若以乐死。

三八

天下唯鬼最富，生前囊无一文，死后每饶楮镪；天下唯鬼最尊，生前或受欺凌，死后必多跪拜。

三九

蝶为才子之化身，花乃美人之别号。

四〇

因雪想高士，因花想美人，因酒想侠客，因月想好友，因山水想得意诗文。

四一

闻鹅声如在白门，闻橹声如在三吴，闻滩声如在浙江，闻骡马项下铃铎声，如在长安道上。

四二

一岁诸节，以上元为第一，中秋次之，五日、九日又次之。

四三

雨之为物，能令昼短，能令夜长。

四四

古之不传于今者，啸也、剑术也、弹棋也、打毬也。

四五

诗僧时复有之，若道士之能诗者，不啻空谷足音，何也?

四六

当为花中之萱草，毋为鸟中之杜鹃。

四七

物之稚者皆不可厌，惟驴独否。

四八

女子自十四五岁至二十四五岁，此十年中，无论燕秦吴越，其音大都娇媚动人。一睹其貌，则美恶判然矣。“耳闻不如目见”，于此益信。

四九

寻乐境，乃学仙；避苦趣，乃学佛。佛家所谓“极乐世界”者，盖谓众苦之所不到也。

五〇

富贵而劳悴，不若安闲之贫贱；贫贱而骄傲，不若谦恭之富贵。

五一

目不能自见，鼻不能自嗅，舌不能自舐，手不能自握，惟耳能自闻其声。

五二

凡声皆宜远听，惟听琴则远近皆宜。

五三

目不能识字，其闷尤过于盲；手不能执管，其苦更甚于哑。

五四

并头联句，交颈论文，宫中应制，历使属国，皆极人间乐事。

五五

《水浒传》武松诘蒋门神云：“为何不姓李？”此语殊妙，盖姓实有佳有劣。如华、如柳、如云、如苏、如乔，皆极风韵；若夫毛也、赖也、焦也、牛也，则皆尘于目而棘于耳者也。

五六

花之宜于目而复宜于鼻者，梅也、菊也、兰也、水仙也、珠兰也、莲也；止宜于鼻者，橼也、桂也、瑞香也、栀子也、茉莉也、木香也、玫瑰也、腊梅也。余则皆宜于目者也。花与叶俱可观者，秋海棠为最，荷次之，海棠、酴醿、虞美人、水仙又次之；叶胜于花者，止雁来红、美人蕉而已。花与叶俱不足观者，紫薇也、辛夷也。

五七

高语山林者，辄不善谈市朝事。审若此，则当并废《史》《汉》诸书而不读矣。盖诸书所载者，皆古之市朝也。

五八

云之为物，或崔巍如山，或潋滟如水，或如人，或如兽，或如鸟毳，或如鱼鳞。故天下万物皆可画，惟云不能画。世所画云，亦强名耳。

五九

值太平世，生湖山郡；官长廉静，家道优裕；娶妇贤淑，生子聪慧。人生如此，可云全福。

六〇

天下器玩之类，其制日工，其价日贱，毋惑乎民之贫也。

六一

养花胆瓶，其式之高低大小，须与花相称；而色之浅深浓淡，又须与花相反。

六二

春雨如恩诏，夏雨如赦书，秋雨如挽歌。

六三

十岁为神童，二十三十为才子，四十五十为名臣，六十为神仙，可谓全人矣。

六四

武人不苟战，是为武中之文；文人不迂腐，是为文中之武。

六五

文人讲武事，大都纸上谈兵；武将论文章，半属道听途说。

六六

斗方止三种可存：佳诗文一也，新题目二也，精款式三也。

六七

情必近于痴而始真，才必兼乎趣而始化。

六八

凡花色之娇媚者，多不甚香；瓣之千层者，多不结实。甚矣，全才之难也！兼之者，其惟莲乎？

六九

著得一部新书，便是千秋大业；注得一部古书，允为万世宏功。

七〇

延名师训子弟，入名山习举业，丐名士代捉刀，三者都无是处。

七一

积画以成字，积字以成句，积句以成篇，谓之文。文体日增，至八股而遂止。如古文，如诗，如赋，如词，如曲，如说部，如传奇小说，皆自无而有。方其未有之时，固不料后来之有此一体也；逮既有此一体之后，又若天造地设，为世必应有之物。然自明以来，未见有创一体裁新人耳目者。遥计百年之后，必有其人，惜乎不及见耳。

七二

云映日而成霞，泉挂岩而成瀑。所托者异，而名亦因之，此友道之所以可贵也。

七三

大家之文，吾爱之慕之，吾愿学之；名家之文，吾爱之慕之，吾不敢学之。学大家而不得，所谓刻鹄不成尚类鹜也；学名家而不得，则是画虎不成反类狗矣。

七四

由戒得定，由定得慧，勉强渐近自然；炼精化气，炼气化神，清虚有何渣滓？

七五

南北东西，一定之位也；前后左右，无定之位也。

七六

予尝谓二氏不可废，非袭夫大养济院之陈言也。盖名山胜境，我辈每思褰裳就之，使非琳宫梵刹，则倦时无可驻足，饥时谁与授餐？忽有疾风暴雨，五大夫果真足恃乎？又或邱壑深邃，非一日可了，岂能露宿以待明日乎？虎豹蛇虺，能保其不为人患乎？又或为士大夫所有，果能不问主人，任我之登陟凭吊而莫之禁乎？不特此也，甲之所有，乙思起而夺之，是启争端也。祖父之所创建，子孙贫，力不能修葺，其倾颓之状，反足令山川减色矣。

然此特就名山胜境言之耳。即城市之内，与夫四达之衢，亦不可少此一种。客游可作居停，一也；长途可以稍憩，二也；夏之茗，冬之姜汤，复可以济役夫负戴之困，三也。凡此皆就事理言之，非二氏福报之说也。

七七

虽不善书，而笔砚不可不精；虽不业医，而验方不可不存；虽不工弈，而楸枰不可不备。

七八

方外不必戒酒，但须戒俗；红裙不必通文，但须得趣。

七九

梅边之石宜古，松下之石宜拙，竹傍之石宜瘦，盆内之石宜巧。

八〇

律己宜带秋气，处世宜带春气。

八一

厌催租之败意，亟宜早早完粮；喜老衲之谈禅，难免常常布施。

八二

松下听琴，月下听箫，涧边听瀑布，山中听梵呗，觉耳中别有不同。

八三

月下听禅，旨趣益远；月下说剑，肝胆益真；月下论诗，风致益幽；月下对美人，情意益笃。

八四

有地上之山水，有画上之山水，有梦中之山水，有胸中之山水。地上者妙在邱壑深邃，画上者妙在笔墨淋漓，梦中者妙在景象变幻，胸中者妙在位置自如。

八五

一日之计种蕉，一岁之计种竹，十年之计种柳，百年之计种松。

八六

春雨宜读书，夏雨宜弈棋，秋雨宜检藏，冬雨宜饮酒。

八七

诗文之体得秋气为佳；词曲之体得春气为佳。

八八

抄写之笔墨，不必过求其佳；若施之缣素，则不可不求其佳。诵读之书籍，不必过求其备；若以供稽考，则不可不求其备。游历之山水，不必过求其妙；若因之卜居，则不可不求其妙。

八九

人非圣贤，安能无所不知。只知其一，惟恐不止其一，复求知其二者，上也；止知其一，因人言始知有其二者，次也；止知其一，人言有其二而莫之信者，又其次也；止知其一，恶人言有其二者，斯下之下矣。

九〇

史官所纪者，直世界也；职方所载者，横世界也。

九一

先天八卦，竖看者也；后天八卦，横看者也。

九二

藏书不难，能看为难；看书不难，能读为难；读书不难，能用为难；能用不难，能记为难。

九三

求知己于朋友易，求知己于妻妾难，求知己于君臣则尤难之难。

九四

何谓善人？无损于世者则谓之善人；何谓恶人？有害于世者则谓恶人。

九五

有工夫读书，谓之福；有力量济人，谓之福；有学问著述，谓之福；无是非到耳，谓之福；有多闻、直、谅之友，谓之福。

九六

人莫乐于闲，非无所事事之谓也。闲则能读书，闲则能游名胜，闲则能交益友，闲则能饮酒，闲则能著书。天下之乐，孰大于是？

九七

文章是案头之山水，山水是地上之文章。

九八

平上去入，乃一定之至理。然入声之为字也少，不得谓凡字皆有四声也。世之调平仄者，于入声之无其字者，往往以不相合之音隶于其下。为所隶者，苟无平上去之三声，则是以寡妇配鳏夫，犹之可也。若所隶之字自有其平上去之三声，而欲强以从我，则是干有夫之妇矣，其可乎？

姑就诗韵言之，如东、冬韵，无入声者也，今人尽调之以东、董、冻、督，夫“督”之为音，当附于都、睹、妒之下，若属之于东、董、冻，又何以处夫都、睹、妒乎？若东、都二字，俱以“督”字为入声，则是一妇而两夫矣。三江无入声者也，今人尽调之以江、讲、绛、觉，殊不知“觉”之为音，当附于交、绞、教之下者也。诸如此类，不胜其举。

然则如之何而后可？曰：鳏者听其鳏，寡者听其寡，夫妇全者安其全，各不相干而已矣。

九九

《水浒传》是一部怒书，《西游记》是一部悟书，《金瓶梅》是一部哀书。

一〇〇

读书最乐，若读史书则喜少怒多，究之，怒处亦乐处也。

一〇一

发前人未发之论，方是奇书；言妻子难言之情，乃为密友。

一〇二

一介之士，必有密友，密友不必定是刎颈之交。大率虽千里之遥，皆可相信，而不为浮言所动；闻有谤之者，即多方为之辩析而后已；事之宜行宜止者，代为筹画决断；或事当利害关头，有所需而后济者，即不必与闻，亦不虑其负我与否，竟为力承其事。此皆所谓密友也。

一〇三

风流自赏，只容花鸟趋陪；真率谁知？合受烟霞供养。

一〇四

万事可忘，难忘者名心一段；千般易淡，未淡者美酒三杯。

一〇五

芰荷可食，而亦可衣；金石可器，而亦可服。

一〇六

宜于耳复宜于目者，弹琴也，吹箫也；宜于耳不宜于目者，吹笙也，管也。

一〇七

看晓妆，宜于傅粉之后。

一〇八

我不知我之生前，当春秋之季，曾一识西施否？当典午之时，曾一看卫玠否？当义熙之世，曾一醉渊明否？当天宝之代，曾一睹太真否？当元丰之朝，曾一晤东坡否？千古之上，相思者不止此数人，而此数人则其尤甚者，故姑举之以概其余也。

一〇九

我又不知在隆、万时，曾于旧院中交几名妓？眉公、伯虎、若士、赤水诸君，曾共我谈笑几回？茫茫宇宙，我今当向谁问之耶？

一一〇

文章是有字句之锦绣，锦绣是无字句之文章，两者同出于一原。姑即粗迹论之，如金陵，如武林，如姑苏，书林之所在，即机杼之所在也。

一一一

予尝集诸法帖字为诗，字之不复而多者，莫善于《千字文》。然诗家目前常用之字，犹苦其未备，如天文之烟霞风雪，地理之江山塘岸，时令之春宵晓暮，人物之翁僧渔樵，花木之花柳苔萍，鸟兽之蜂蝶莺燕，宫室之台槛轩窗，器用之舟船壶杖，人事之梦忆愁恨，衣服之裙袖锦绮，饮食之茶浆饮酌，身体之须眉韵态，声色之红绿香艳，文史之骚赋题吟，数目之一三双半，皆无其字。《千字文》且然，况其他乎？

一一二

花不可见其落，月不可见其沉，美人不可见其夭。

一一三

种花须见其开，待月须见其满，著书须见其成，美人须见其畅适，方有实际，否则皆为虚设。

一一四

惠施多方，其书五车，虞卿以穷愁著书，今皆不传，不知书中果作何语？我不见古人，安得不恨！

一一五

以松花为粮，以松实为香，以松枝为麈尾，以松阴为步障，以松涛为鼓吹。山居得乔松百余章，真乃受用不尽。

一一六

玩月之法，皎洁则宜仰观，朦胧则宜俯视。

一一七

孩提之童，一无所知，目不能辨美恶，耳不能判清浊，鼻不能别香臭，至若味之甘苦，则不第知之，且能取之弃之。告子以甘食、悦色为性，殆指此类耳。

一一八

凡事不宜刻，若读书则不可不刻；凡事不宜贪，若买书则不可不贪；凡事不宜痴，若行善则不可不痴。

一一九

酒可好，不可骂座；色可好，不可伤生；财可好，不可昧心；气可好，不可越理。

一二〇

文名可以当科第，俭德可以当货财，清闲可以当寿考。

一二一

不独诵其诗、读其书是尚友古人，即观其字画亦是尚友古人处。

一二二

无益之施舍，莫过于斋僧；无益之诗文，莫甚于祝寿。

一二三

妾美不如妻贤，钱多不如境顺。

一二四

创新庵不若修古庙，读生书不若温旧业。

一二五

字与画同出一原。观六书始于象形，则可知已。

一二六

忙人园亭，宜与住宅相连；闲人园亭，不妨与住宅相远。

一二七

酒可以当茶，茶不可以当酒；诗可以当文，文不可以当诗；曲可以当词，词不可以当曲；月可以当灯，灯不可以当月；笔可以当口，口不可以当笔；婢可以当奴，奴不可以当婢。

一二八

胸中小不平，可以酒消之；世间大不平，非剑不能消也。

一二九

不得已而谀之者，宁以口，毋以笔；不可耐而骂之者，亦宁以口，毋以笔。

一三〇

多情者必好色，好色者未必尽属多情；红颜者必薄命，而薄命者未必尽属红颜；能诗者必好酒，而好酒者未必尽属能诗。

一三一

梅令人高，兰令人幽，菊令人野，莲令人淡，春海棠令人艳，牡丹令人豪，蕉与竹令人韵，秋海棠令人媚，松令人逸，桐令人清，柳令人感。

一三二

物之能感人者，在天莫如月，在乐莫如琴，在动物莫如鹃，在植物莫如柳。

一三三

妻子颇足累人，羡和靖梅妻鹤子；奴婢亦能供职，喜志和樵婢渔奴。

一三四

涉猎虽曰无用，犹胜于不通古今；清高固然可嘉，莫流于不识时务。

一三五

所谓美人者，以花为貌，以鸟为声，以月为神，以柳为态，以玉为骨，以冰雪为肤，以秋水为姿，以诗词为心，吾无间然矣。

一三六

蝇集人面，蚊嘬人肤，不知以人为何物？

一三七

有山林隐逸之乐而不知享者，渔樵也、农圃也、缁黄也；有园亭姬妾之乐而不能享、不善享者，富商也、大僚也。

一三八

黎举云："欲令梅聘海棠，枨子臣樱桃，以芥嫁笋，但时不同耳。"予谓物各有偶，拟必于伦。今之嫁娶，殊觉未当。如梅之为物，品最清高；棠之为物，姿极妖艳。即使同时，亦不可为夫妇。不若梅聘梨花，海棠嫁杏，橼臣佛手，荔枝臣樱桃，秋海棠嫁雁来红，庶几相称耳。至若以芥嫁笋，笋如有知，必受河东狮子之累矣。

一三九

五色有太过，有不及，惟黑与白无太过。

一四〇

许氏《说文》分部，有止有其部而无所属之字者，下必注云："凡某之属，皆从某。"赘句殊觉可笑，何不省此一句乎？

一四一

阅《水浒传》至鲁达打镇关西、武松打虎，因思人生必有一桩极快意事，方不枉在生一场。即不能有其事，亦须著得一种得意之书，庶几无憾耳。

一四二

春风如酒，夏风如茗，秋风如烟，如姜芥。

一四三

冰裂纹极雅，然宜细不宜肥，若以之作窗栏，殊不耐观也。

一四四

鸟声之最佳者，画眉第一，黄鹂、百舌次之。然黄鹂、百舌，世未有笼而蓄之者，其殆高士之俦，可闻而不可屈者耶？

一四五

不治生产，其后必致累人；专务交游，其后必致累己。

一四六

昔人云："妇人识字，多致诲淫。"予谓此非识字之过也。盖识字则非无闻之人，其淫也，人易得而知耳。

一四七

善读书者，无之而非书：山水亦书也，棋酒亦书也，花月亦书也。善游山水者，无之而非山水：书史亦山水也，诗酒亦山水也，花月亦山水也。

一四八

园亭之妙，在邱壑布置，不在雕绘琐屑。往往见人家园亭，屋脊墙头，雕砖镂瓦，非不穷极工巧，然未久即坏，坏后极难修葺。是何如朴素之为佳乎？

一四九

清宵独坐，邀月言愁；良夜孤眠，呼蛩语恨。

一五〇

官声采于舆论，豪右之口与寒乞之口俱不得其真；花案定于成心，艳媚之评与寝陋之评概恐失其实。

一五一

胸藏邱壑，城市不异山林；兴寄烟霞，阎浮有如蓬岛。

一五二

梧桐为植物中清品，而形家独忌之，甚且谓"梧桐大如斗，主人往外走"，若竟视为不祥之物也者。夫剪桐封弟，其为宫中之桐可知；而卜世最久者，莫过于周。俗言之不足据，类如此夫！

一五三

多情者不以生死易心，好饮者不以寒暑改量，喜读书者不以忙闲作辍。

一五四

蛛为蝶之敌国，驴为马之附庸。

一五五

立品须发乎宋人之道学，涉世须参以晋代之风流。

一五六

古谓禽兽亦知人伦，予谓匪独禽兽也，即草木亦复有之。牡丹为王，芍药为相，其君臣也；南山之乔，北山之梓，其父子也；荆之闻分而枯，闻不分而活，其兄弟也；莲之并蒂，其夫妇也；兰之同心，其朋友也。

一五七

豪杰易于圣贤，文人多于才子。

一五八

牛与马，一仕而一隐也；鹿与豕，一仙而一凡也。

一五九

古今至文，皆血泪所致。

一六〇

“情”之一字，所以维持世界；“才”之一字，所以粉饰乾坤。

一六一

孔子生于东鲁，东者生方，故礼乐文章，其道皆自无而有；释迦生于西方，西者死地，故受想行识，其教皆自有而无。

一六二

有青山方有绿水，水惟借色于山；有美酒便有佳诗，诗亦乞灵于酒。

一六三

严君平，以卜讲学者也；孙思邈，以医讲学者也；诸葛武侯，以出师讲学者也。

一六四

人则女美于男，禽则雄华于雌，兽则牝牡无分者也。

一六五

镜不幸而遇嫫母，砚不幸而遇俗子，剑不幸而遇庸将，皆无可奈何之事。

一六六

天下无书则已，有则必当读；无酒则已，有则必当饮；无名山则已，有则必当游；无花月则已，有则必当赏玩；无才子佳人则已，有则必当爱慕怜惜。

一六七

秋虫春鸟，尚能调声弄舌，时吐好音；我辈搦管拈毫，岂可甘作鸦鸣牛喘?

一六八

媸颜陋质，不与镜为仇者，亦以镜为无知之死物耳。使镜而有知，必遭扑破矣。

一六九

吾家公艺，恃百忍以同居，千古传为美谈。殊不知忍而至于百，则其家庭乖戾睽隔之处，正未易更仆数也。

一七〇

九世同居，诚为盛事，然止当与割股、庐墓者作一例看，可以为难矣，不可以为法也，以其非中庸之道也。

一七一

作文之法：意之曲折者，宜写之以显浅之词；理之显浅者，宜运之以曲折之笔；题之熟者，参之以新奇之想；题之庸者，深之以关系之论。至于窘者舒之使长，缛者删之使简，俚者文之使雅，闹者摄之使静，皆所谓裁制也。

一七二

笋为蔬中尤物，荔枝为果中尤物，蟹为水族中尤物，酒为饮食中尤物，月为天文中尤物，西湖为山水中尤物，词曲为文字中尤物。

一七三

买得一本好花，犹且爱护而怜惜之，矧其为解语花乎?

一七四

观手中便面，足以知其人之雅俗，足以识其人之交游。

一七五

水为至污之所会归，火为至污之所不到。若变不洁为至洁，则水火皆然。

一七六

貌有丑而可观者，有虽不丑而不足观者；文有不通而可爱者，有虽通而极可厌者。此未易与浅人道也。

一七七

游玩山水亦复有缘，苟机缘未至，则虽近在数十里之内，亦无暇到也。

一七八

“贫而无谄，富而无骄”，古人之所贤也；贫而无骄，富而无谄，今人之所少也。足以知世风之降矣。

一七九

昔人欲以十年读书、十年游山、十年检藏。予谓检藏尽可不必十年，只二三载足矣。若读书与游山，虽或相倍蓰，恐亦不足以偿所愿也。必也如黄九烟前辈之所云，“人生必三百岁而后可”乎？

一八〇

宁为小人之所骂，毋为君子之所鄙；宁为盲主司之所摈弃，毋为诸名宿之所不知。

一八一

傲骨不可无，傲心不可有。无傲骨则近于鄙夫，有傲心不得为君子。

一八二

蝉为虫中之夷齐，蜂为虫中之管晏。

一八三

曰痴、曰愚、曰拙、曰狂，皆非好字面，而人每乐居之；曰奸、曰黠、曰强、曰佞，反是，而人每不乐居之，何也？

一八四

唐虞之际，音乐可感鸟兽。此盖唐虞之鸟兽，故可感耳；若后世之鸟兽，恐未必然。

一八五

痛可忍而痒不可忍，苦可耐而酸不可耐。

一八六

镜中之影，着色人物也；月下之影，写意人物也。镜中之影，钩边画也；月下之影，没骨画也。月中山河之影，天文中地理也；水中星月之象，地理中天文也。

一八七

能读无字之书，方可得惊人妙句；能会难通之解，方可参最上禅机。

一八八

若无诗酒，则山水为具文；若无佳丽，则花月皆虚设。

一八九

才子而美姿容，佳人而工著作，断不能永年者，匪独为造物之所忌。盖此种原不独为一时之宝，乃古今万世之宝，故不欲久留人世以取亵耳。

一九〇

陈平封曲逆侯，《史》《汉》注皆云“音去遇”，予谓此是北人土音耳。若南人四音俱全，似仍当读作本音为是。

一九一

古人四声俱备，如“六”“国”二字，皆入声也。今梨园演苏秦剧，必读“六”为“溜”，读“国”为“鬼”，从无读入声者。然考之《诗经》，如“良马六之”“无衣六兮”之类，皆不与去声叶，而叶祝、告、燠；“国”字皆不与上声叶，而叶入陌、质韵。则是古人似亦有入声，未必尽读“六”为“溜”、读“国”为“鬼”也。

一九二

闲人之砚，固欲其佳；而忙人之砚，尤不可不佳；娱情之妾，固欲其美；而广嗣之妾，亦不可不美。

一九三

如何是独乐乐？曰鼓琴；如何是与人乐乐？曰弈棋；如何是与众乐乐？曰马吊。

一九四

不待教而为善为恶者，胎生也；必待教而后为善为恶者，卵生也；偶因一事之感触而突然为善为恶者，湿生也；前后判若两截，究非一日之故者，化生也。

一九五

凡物皆以形用，其以神用者，则镜也，符印也，日晷也，指南针也。

一九六

才子遇才子，每有怜才之心，美人遇美人，必无惜美之意。我愿来世托生为绝代佳人，一反其局而后快。

一九七

予尝欲建一无遮大会，一祭历代才子，一祭历代佳人。俟遇有真正高僧，即当为之。

一九八

圣贤者，天地之替身。

一九九

天极不难做，只须生仁人君子有才德者二三十人足矣。君一、相一、冢宰一，及诸路总制、抚军是也。

二〇〇

掷升官图，所重在德，所忌在赃；何一登仕版，辄与之相反耶？

二〇一

动物中有三教焉：蛟、龙、麟、凤之属，近于儒者也；猿、狐、鹤、鹿之属，近于仙者也；狮子、牯牛之类，近于释者也。植物中有三教焉：竹、梧、兰、蕙之属，近于儒者也；蟠桃、老桂之属，近于仙者也；莲花、薝蔔之属，近于释者也。

二〇二

佛氏云："日月在须弥山腰。"果尔，则日月必是绕山横行而后可；苟有升有降，必为山巅所碍矣。又云："地上有阿耨达池，其水四出，流入诸印度。"又云："地轮之下为水轮，水轮之下为风轮，风轮之下为空轮。"余谓此皆喻言人身也：须弥山喻人首，日月喻两目，池水四出喻血脉流通，地轮喻此身，水为便溺，风为泄气，此下则无物矣。

二〇三

苏东坡和陶诗尚遗数十首。予尝欲集坡句以补之，苦于韵之弗备而止。如《责子》诗中"不识六与七""但觅梨与栗"，"七"字、"栗"字，皆无其韵也。

二〇四

予尝偶得句，亦殊可喜，惜无佳对，遂未成诗。其一为"枯叶带虫飞"，其一为"乡月大于城"。姑存之，以俟异日。

二〇五

"空山无人，水流花开"二句，极琴心之妙境；"胜固欣然，败亦可喜"二句，极手谈之妙境；"帆随湘转，望衡九面"二句，极泛舟之妙境；"胡然而天，胡然而帝"二句，极美人之妙境。

二〇六

镜与水之影，所受者也，日与灯之影，所施者也。月之有影，则在天者为受，而在地者为施也。

二〇七

水之为声有四：有瀑布声，有流泉声，有滩声，有沟浍声。风之为声有三：有松涛声，有秋叶声，有波浪声。雨之为声有二：有梧叶、荷叶上声，有承檐溜竹筒中声。

二〇八

文人每好鄙薄富人，然于诗文之佳者，又往往以金玉、珠玑、锦绣誉之，则又何也？

二〇九

能闲世人之所忙者，方能忙世人之所闲。

二一〇

先读经，后读史，则论事不谬于圣贤；既读史，复读经，则观书不徒为章句。

二一一

居城市中，当以画幅当山水，以盆景当苑囿，以书籍当朋友。

二一二

乡居须得良朋始佳，若田夫樵子，仅能辨五谷而测晴雨，久且数未免生厌矣。而友之中又当以能诗为第一，能谈次之，能画次之，能歌又次之，解觞政者又次之。

二一三

玉兰，花中之伯夷也；葵，花中之伊尹也；莲，花中之柳下惠也。鹤，鸟中之伯夷也；鸡，鸟中之伊尹也；莺，鸟中之柳下惠也。

二一四

无其罪而虚受恶名者，蠹鱼也；有其罪而恒逃清议者，蜘蛛也。

二一五

臭腐化为神奇，酱也，腐乳也，金汁也。至神奇化为臭腐，则是物皆然。

二一六

黑与白交，黑能污白，白不能掩黑；香与臭混，臭能胜香，香不能敌臭。此君子小人相攻之大势也。

二一七

“耻”之一字，所以治君子；“痛”之一字，所以治小人。

二一八

镜不能自照，衡不能自权，剑不能自击。

二一九

古人云：“诗必穷而后工。”盖穷则语多感慨，易于见长耳。若富贵中人，既不可忧贫叹贱，所谈者不过风云月露而已，诗安得佳？苟思所变，计惟有出游一法，即以所见之山川、风土、物产、人情，或当疮痍兵燹之余，或值旱涝灾祲之后，无一不可寓之诗中。借他人之穷愁，以供我之咏叹，则诗亦不必待穷而后工也。